今すぐ使えるかんたんmini

Imasugu Tsukaeru Kantan mini Series

Outlook 2019
基本&便利技

技術評論社

本書の使い方

- 画面の手順解説だけを読めば、操作できるようになる！
- もっと詳しく知りたい人は、補足説明を読んで納得！
- これだけは覚えておきたい機能を厳選して紹介！

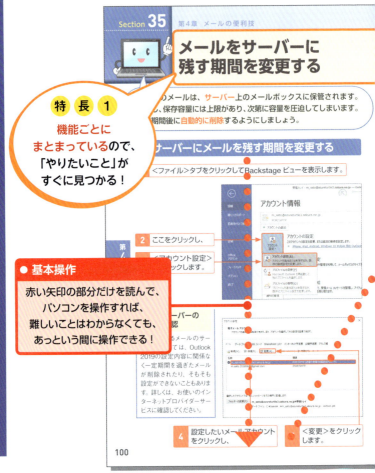

特長 1
機能ごとにまとまっているので、「やりたいこと」がすぐに見つかる！

● **基本操作**
赤い矢印の部分だけを読んで、パソコンを操作すれば、難しいことはわからなくても、あっという間に操作できる！

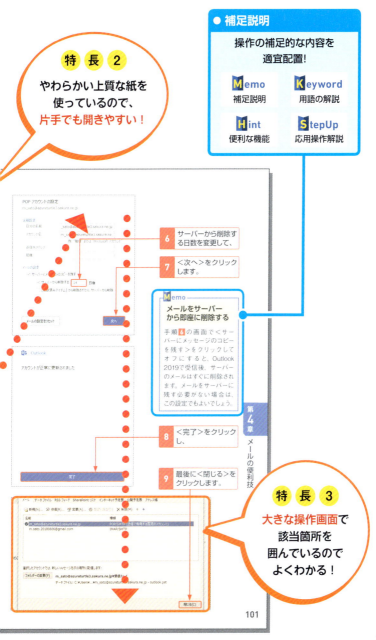

CONTENTS 目次

第1章 Outlook 2019の基本

Section 01 Outlook 2019でできること ···················· 18
メールの送受信と整理
連絡先の管理
予定の管理
タスクの管理

Section 02 メールアカウントを準備する ··················· 22
メールアカウントの種類と準備

Section 03 Outlook 2019を起動／終了する ················ 24
Outlook 2019を起動する
Outlook 2019を終了する

Section 04 メールアカウントを設定する ··················· 26
自動でメールアカウントを設定する
手動でメールアカウントを設定する

Section 05 Outlook 2019の画面の構成と切り替え ·········· 30
Outlook 2019の基本的な画面構成
メール／予定表／連絡先／タスクの画面を切り替える
ナビゲーションバーの表示順序を変更する
ナビゲーションバーをテキスト表示にする

Section 06 Outlook 2019のリボン画面 ···················· 34
タブを切り替える
リボンを折りたたむ
機能ごとの主なタブ

第2章 メールの基本操作

Section 07 メール画面の見方 ···························· 38
＜メール＞の基本的な画面構成
＜メッセージ＞ウィンドウの画面構成

Section 08 メールを作成／送信する ······················ 40
メールを作成する
メールを送信する

Section 09 メールを受信する ···························· 42
メールを受信する
閲覧ウィンドウの文字を大きくする

Section 10 受信した添付ファイルを確認／保存する ··········· 44
添付ファイルをプレビュー表示する
添付ファイルを保存する

Section 11 メールを複数の宛先に送信する ················· 46
複数の宛先にメールを送信する

別の宛先にメールのコピーを送信する
宛先を隠してメールのコピーを送信する

Section 12　ファイルを添付して送信する……………………………… **48**
メールにファイルを添付して送信する
送信時に画像を自動的に縮小する

Section 13　メールを下書き保存する………………………………………… **50**
メールを下書き保存する
下書き保存したメールを送信する

Section 14　メールを返信／転送する………………………………………… **52**
メールを返信する
メールを転送する

Section 15　メールの文字書式を変更する…………………………………… **54**
フォント／文字サイズ／色を変更する

Section 16　メールの画面を見やすくする…………………………………… **56**
ビューを＜シングル＞に変更する
閲覧ウィンドウの位置を変更する

Section 17　署名を作成する……………………………………………………… **58**
署名を作成する

Section 18　メールを印刷する…………………………………………………… **60**
メールを印刷する
メールをPDFとして保存する

Section 19　メールを削除する…………………………………………………… **62**
メールを削除する

第3章　メールの検索と整理

Section 20　メールを検索する…………………………………………………… **64**
＜クイック検索＞で検索する
検索結果を閉じる

Section 21　メールを並べ替える………………………………………………… **66**
メールを日付の古い順に並べ替える
メールを差出人ごとに並べ替える

Section 22　同じ件名のメールをまとめて表示する……………………… **68**
スレッドビューを表示する
スレッドを常に展開する

Section 23　条件に合ったメールを目立たせる…………………………… **70**
メールを色分けする

Section 24　未読メールのみを表示する……………………………………… **72**
未読メールのみを表示する
既読メールを未読に切り替える

CONTENTS 目次

Section 25 メールをフォルダーで管理する ……………………………… 74
フォルダーを新規作成する
作成したフォルダーにメールを移動する
フォルダーを<お気に入り>に表示する
作成したフォルダーを削除する

Section 26 メールに色を付けて分類する ……………………………… 78
分類項目を作成して設定する

Section 27 受信メールを自動的にフォルダーに振り分ける ……… 80
仕分けルールを作成する
仕分けルールを削除する

Section 28 迷惑メールを自動的に振り分ける ……………………… 84
迷惑メールの処理レベルを設定する
迷惑メールを<受信拒否リスト>に入れる

Section 29 特定ワードが含まれたメールをまとめて表示する …… 86
<検索フォルダー>を作成する

Section 30 特定のメールを自動的に色で分類する …………………… 88
特定のメールを自動的に色で分類する

第4章 メールの便利技

Section 31 お決まりの定型文を送信する ……………………………… 92
クイック操作で定型文を作成する
定型文を呼び出す

Section 32 メールの誤送信を防ぐ ……………………………………… 94
送信時にメールをいったん<送信トレイ>に保存する
<送信トレイ>を確認する

Section 33 メールに重要度を設定する ……………………………… 96
送信メールに重要度を設定する
受信したメールに重要度を設定する

Section 34 メールを受信する間隔を短くする ……………………… 98
メールを定期的に送受信する

Section 35 メールをサーバーに残す期間を変更する …………… 100
サーバーにメールを残す期間を変更する

Section 36 受信したメールを自動転送する ……………………… 102
仕分けルールを使って自動転送する

Section 37 締め切りのあるメールにアラートを付ける …………… 104
フラグを設定する
処理を完了する

Section 38 作成するメールを常にテキスト形式にする …………… 106
作成するメールをテキスト形式にする

6

Section 39 **削除済み/重複メールをまとめて削除する**........... 108
削除済みメールをまとめて削除する
重複メールをまとめて削除する

Section 40 **メール受信時の通知方法を変更する**........................ 110
デスクトップ通知を閉じる

第5章 連絡先の管理

Section 41 **連絡先画面の見方**... 112
<連絡先>の基本的な画面構成
<連絡先>ウィンドウの画面構成

Section 42 **連絡先を登録する**... 114
新しい連絡先を登録する

Section 43 **受信したメールの差出人を連絡先に登録する**......... 118
メールの差出人を連絡先に登録する

Section 44 **登録した連絡先を閲覧する**.................................... 120
<名刺>形式で表示する
<一覧>形式で表示する

Section 45 **連絡先を編集する**... 122
連絡先を編集する

Section 46 **連絡先の相手にメールを送信する**........................... 124
連絡先から相手を選択する
メール作成時に相手を選択する

Section 47 **複数の宛先を1つのグループにまとめて送信する**.. 126
連絡先グループを作成する
連絡先グループを宛先にしてメールを送信する

Section 48 **登録した連絡先を削除/整理する**........................... 128
連絡先を削除する
連絡先をフォルダーで管理する

Section 49 **連絡先の情報をメールで送信する**........................... 130
Outlook形式で連絡先を送信する

第6章 スケジュールの管理

Section 50 **予定表画面の見方**... 132
<予定表>の基本的な画面構成
<予定>ウィンドウの画面構成
さまざまな表示形式

Section 51 **新しい予定を登録する**.. 134
新しい予定を登録する

7

CONTENTS 目次

Section 52 登録した予定を確認する·················· **136**
予定表の表示形式を切り替える
予定をポップアップで表示する

Section 53 終了していない予定を確認する················ **138**
終了していない予定を一覧で表示する
終了していない予定を場所ごとに並べ替える
直近の7日間の予定を表示する

Section 54 予定の時刻にアラームを鳴らす·············· **140**
アラームを設定する
アラームを確認する

Section 55 予定を変更／削除する····················· **142**
予定を変更する
予定を削除する

Section 56 予定表に祝日を設定する··················· **144**
予定表に祝日を設定する

Section 57 定期的な予定を登録する··················· **146**
定期的な予定を登録する

Section 58 終日の予定を登録する····················· **148**
終日の予定を登録する

Section 59 予定表を印刷する······················· **150**
予定表を印刷する
予定表をPDFとして保存する

Section 60 勤務日と勤務時間を設定する··············· **152**
稼働日と稼働時間を設定する

第7章 タスクの管理

Section 61 タスク画面の見方······················· **154**
<タスク>の画面構成
タスクの一覧表示画面
<タスク>ウィンドウの画面構成

Section 62 新しいタスクを登録する··················· **156**
新しいタスクを登録する

Section 63 詳細なタスク情報を登録する··············· **158**
タスクの詳細情報を登録する

Section 64 定期的にあるタスクを登録する·············· **160**
定期的なタスクを登録する

Section 65 登録したタスクを確認する················· **162**
タスクのビューを変更する
タスクの並べ替え方法を変更する

8

Section 66 タスクを完了させる……………………………………… **164**
タスクを完了状態にする
完了したタスクを確認する
タスクの完了を取り消す

Section 67 タスクの期限日にアラームを鳴らす………………… **166**
アラームを設定する
アラームを確認する

Section 68 タスクを変更／削除する…………………………………… **168**
タスクを変更する
タスクを削除する

Section 69 タスクと予定表を連携する……………………………… **170**
タスクを<予定表>に登録する

第8章　即効解決！困ったときのQ&A

Section 70 メールアカウントが設定できない?!………………… **172**
コントロールパネルから設定する

Section 71 メールが見つからない?!………………………………… **174**
迷惑メールフォルダーを確認する
スレッドビューを解除する

Section 72 メールの画像が表示されない?!……………………… **176**
表示されていない画像を表示する
特定の相手からのメールの画像を常に表示する

Section 73 メールが文字化けして読めない?!………………… **178**
受信メールの文字化けを直す

Section 74 アドレス入力時、候補が一杯出てきて困る?!……… **179**
オートコンプリートをオフにする

Section 75 メールが送れない?!……………………………………… **180**
オフライン作業を解除する

Section 76 保存した添付ファイルが見つからない?!…………… **181**
添付ファイルの保存先を確認する

Section 77 前バージョンのメールや連絡先を引き継げない?!… **182**
データをバックアップする
バックアップデータを復元する

Section 78 Outlookの起動が遅い?!……………………………… **188**
アドインを無効にする
Outlook プロファイルを修復する

索引……………………………………………………………………………… **190**

9

パソコンの基本操作

- 本書の解説は、基本的にマウスを使って操作することを前提としています。
- お使いのパソコンのタッチパッド、タッチ対応モニターを使って操作する場合は、各操作を次のように読み替えてください。

1 マウス操作

▼ クリック（左クリック）

クリック（左クリック）の操作は、画面上にある要素やメニューの項目を選択したり、ボタンを押したりする際に使います。

マウスの左ボタンを1回押します。

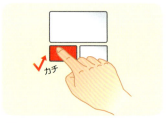

タッチパッドの左ボタン（機種によっては左下の領域）を1回押します。

▼ 右クリック

右クリックの操作は、操作対象に関する特別なメニューを表示する場合などに使います。

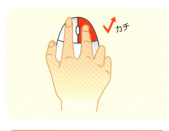

マウスの右ボタンを1回押します。

タッチパッドの右ボタン（機種によっては右下の領域）を1回押します。

▼ ダブルクリック

ダブルクリックの操作は、各種アプリを起動したり、ファイルやフォルダーなどを開く際に使います。

マウスの左ボタンをすばやく2回押します。

タッチパッドの左ボタン(機種によっては左下の領域)をすばやく2回押します。

▼ ドラッグ

ドラッグの操作は、画面上の操作対象を別の場所に移動したり、操作対象のサイズを変更する際などに使います。

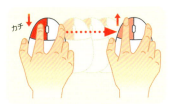
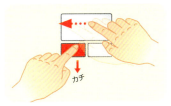

マウスの左ボタンを押したまま、マウスを動かします。目的の操作が完了したら、左ボタンから指を離します。

タッチパッドの左ボタン(機種によっては左下の領域)を押したまま、タッチパッドを指でなぞります。目的の操作が完了したら、左ボタンから指を離します。

Memo

ホイールの使い方

ほとんどのマウスには、左ボタンと右ボタンの間にホイールが付いています。ホイールを上下に回転させると、Webページなどの画面を上下にスクロールすることができます。そのほかにも、Ctrlを押しながらホイールを回転させると、画面を拡大/縮小したり、フォルダーのアイコンの大きさを変えたりできます。

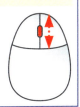

2 利用する主なキー

▼ 半角／全角キー
日本語入力と英語入力を切り替えます。

▼ エンターキー
変換した文字を決定するときや、改行するときに使います。

▼ ファンクションキー
12個のキーには、ソフトごとによく使う機能が登録されています。

▼ デリートキー
文字を消すときに使います。「del」と表示されている場合もあります。

▼ バックスペースキー
入力位置を示すポインターの直前の文字を1文字削除します。

▼ 文字キー
文字を入力します。

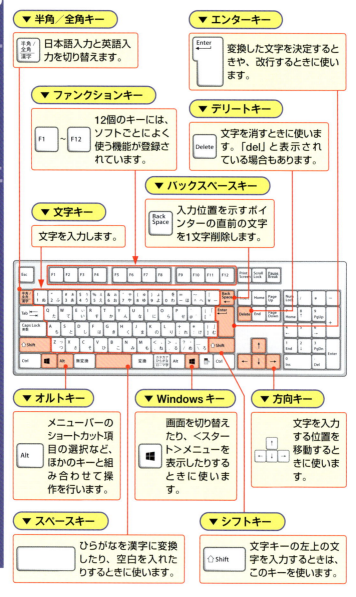

▼ オルトキー
メニューバーのショートカット項目の選択など、ほかのキーと組み合わせて操作を行います。

▼ Windows キー
画面を切り替えたり、<スタート>メニューを表示したりするときに使います。

▼ 方向キー
文字を入力する位置を移動するときに使います。

▼ スペースキー
ひらがなを漢字に変換したり、空白を入れたりするときに使います。

▼ シフトキー
文字キーの左上の文字を入力するときは、このキーを使います。

3 タッチ操作

▼ タップ

画面に触れてすぐ離す操作です。ファイルなど何かを選択するときや、決定を行う場合に使用します。マウスでのクリックに当たります。

▼ ダブルタップ

タップを2回繰り返す操作です。各種アプリを起動したり、ファイルやフォルダーなどを開く際に使用します。マウスでのダブルクリックに当たります。

▼ ホールド

画面に触れたまま長押しする操作です。詳細情報を表示するほか、状況に応じたメニューが開きます。マウスでの右クリックに当たります。

▼ ドラッグ

操作対象をホールドしたまま、画面の上を指でなぞり上下左右に移動します。目的の操作が完了したら、画面から指を離します。

▼ スワイプ／スライド

画面の上を指でなぞる操作です。ページのスクロールなどで使用します。

▼ フリック

画面を指で軽く払う操作です。スワイプと混同しやすいので注意しましょう。

▼ ピンチ／ストレッチ

2本の指で対象に触れたまま指を広げたり狭めたりする操作です。拡大（ストレッチ）／縮小（ピンチ）が行えます。

▼ 回転

2本の指先を対象の上に置き、そのまま両方の指で同時に右または左方向に回転させる操作です。

Outlook 2019の新機能

● Outlook 2019では、「優先受信トレイ」を利用したり、予定表で複数のタイムゾーンを表示したりできるようになりました。また、音声読み上げ機能を使ったり、クラウドのファイルをドラッグ操作でパソコンに保存したりすることもできます。

1 優先受信トレイを表示できる

Microsoft ExchangeまたはOffice 365の電子メールアカウントがあれば、受信トレイに＜優先＞と＜その他＞という2つのタブを表示できるようになりました。＜優先＞タブにはユーザーにとって最も重要なメールが表示され、大事なメールを漏らさず確認できます。

＜優先＞タブと＜その他＞タブが表示されます。＜優先＞タブには重要なメールが表示されます。

2 複数のタイムゾーンを表示できる

予定表に3つまでのタイムゾーンが表示できるようになりました。タイムゾーンを追加すると、複数のタイムゾーンにまたがった人と会議をスケジュールするときも、スムーズに空き時間を把握できます。

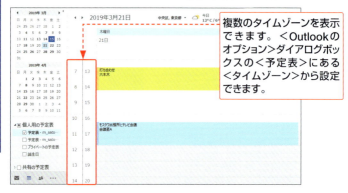

複数のタイムゾーンを表示できます。＜Outlookのオプション＞ダイアログボックスの＜予定表＞にある＜タイムゾーン＞から設定できます。

3 メールを読み上げられる

音声読み上げ機能を利用すれば、メールメッセージを音声で確認できます。ほかの作業をしながらでもメールの内容を確認できるので、作業の効率がアップします。

＜音声読み上げ＞をクリックすると、メールを読み上げられます。

4 クラウドの添付ファイルのコピーをダウンロードできる

メールに添付されたOneDrive添付ファイルを自分のコンピューターにドラッグすると、ファイルのコピーを簡単に保存できるようになりました。

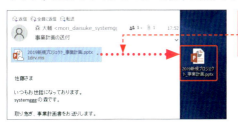

ドラッグでファイルのコピーを保存できます。

Memo

Outlook 2019のそのほかの新機能

新機能	概要
アイコンの挿入	ベクターデータで作られた画像やアイコンをメールに挿入できるようになりました。
会議の参加者把握	会議を開催した人でなくても、会議出席依頼に対するほかのユーザーの回答を確認できるようになりました。
削除時にメールを開封済みに	未読のメールを削除するときに、メールを開封済みにするよう設定できるようになりました。
アクセシビリティのチェック機能	障がいのある方がメールを理解しやすくなるよう、メールをチェックし修正する機能が強化されました。

※お使いのパソコンによっては使用できない可能性があります。

ご注意：ご購入・ご利用の前に必ずお読みください

● 本書に記載された内容は、情報の提供のみを目的としています。したがって、本書を用いた運用は、必ずお客様自身の責任と判断によって行ってください。これらの情報の運用の結果について、技術評論社および著者はいかなる責任も負いません。

● ソフトウェアに関する記述は、特に断りのないかぎり、2019年8月現在での最新バージョンをもとにしています。ソフトウェアはバージョンアップされる場合があり、本書での説明とは機能内容や画面図などが異なってしまうこともあり得ます。あらかじめご了承ください。

● 本書の説明では、OSは「Windows 10」、Outlookは「Outlook 2019」を使用しています。それ以外のOutlookのバージョン（Outlook 2016/2013/2010/2007など）には対応していません。あらかじめご了承ください。

● インターネットの情報についてはURLや画面等が変更されている可能性があります。ご注意ください。

以上の注意事項をご承諾いただいた上で、本書をご利用願います。これらの注意事項をお読みいただかずに、お問い合わせいただいても、技術評論社は対処しかねます。あらかじめ、ご承知おきください。

■ 本書に掲載した会社名、プログラム名、システム名などは、米国およびその他の国における登録商標または商標です。本文中では™、®マークは明記していません。

第1章

Outlook 2019の基本

01	Outlook 2019でできること
02	メールアカウントを準備する
03	Outlook 2019を起動／終了する
04	メールアカウントを設定する
05	Outlook 2019の画面の構成と切り替え
06	Outlook 2019のリボン画面

Section 01　第1章　Outlook 2019の基本

Outlook 2019でできること

Outlook 2019では、メールの送受信を行う<メール>、個人情報を管理する<連絡先>、スケジュールを管理する<予定表>、仕事を期限管理する<タスク>といった機能が利用できます。

第1章 Outlook 2019の基本

1 メールの送受信と整理

<メール>の画面では、受信したメールを一覧で表示します。画面を見やすく調整したり、フォルダーごとにメールを管理したりできます。

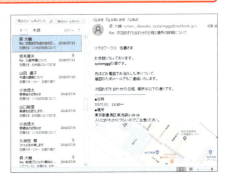

受信したメールへの返信、新しいメールの作成などがかんたんに行えます。

Memo

メール機能

Outlook 2019のメール機能では、大量のメールを効率よく管理することができます。メールの基本的な機能については第2章で、メールの活用方法については第3章と第4章で解説します。

18

2 連絡先の管理

<連絡先>の画面では、登録した相手の情報を整理し、すばやく探し出すことができます。複数の連絡先を1つのグループにまとめて管理することもできます。

登録した連絡先は、一覧形式や名刺形式など、さまざまな形式で表示することが可能です。

氏名や会社名、所属部署、電話番号、メールアドレスなど、さまざまな情報を管理できます。

Memo

連絡先機能

Outlook 2019の連絡先機能では、個人の住所や電話番号、メールアドレスなどを管理できます。詳しくは、第5章で解説します。

3 予定の管理

<予定表>の画面では、毎日のスケジュールをカレンダーのように表示できます。

こちらでは、月単位表示です。いつ、何時に、どのような予定があるのかがひと目でわかります。

Memo

予定表機能

Outlook 2019の予定表機能では、仕事やプライベートのスケジュールを効率よく管理することができます。詳しくは、第6章で解説します。

表示方法はいくつか用意されています。週単位で表示すれば、1週間の予定が、時間単位ですぐに把握できます。

第1章 Outlook 2019の基本

20

4 タスクの管理

<タスク>の画面では、「期限までにやるべきこと」の一覧をリスト表示で管理できます。

期限日や進捗状況などを確認することができます。締め切りのあるスケジュールを管理する際に使われます。

Memo

タスク機能

Outlook 2019のタスク機能では、タスクのリストを作成したり、優先順位別に色分けしたりすることができます。詳しくは、第7章で解説します。

「やるべきこと」の1つ1つがタスクです。完了したタスクは、取り消し線を引くことで未完了のタスクと区別することができます。

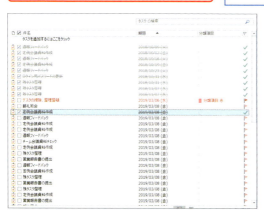

第1章 Outlook 2019の基本

21

Section 02　第1章　Outlook 2019の基本

メールアカウントを準備する

Outlook 2019は、さまざまなメールサービスに対応しています。ここでは、Outlook 2019で使用できるメールアカウントの種類を紹介します。

1 メールアカウントの種類と準備

Outlook 2019 では、プロバイダーメールはもちろん、Gmail や Yahoo! メール、Outlook.com などの Web メールも利用できます。また、Outlook 2019 には複数のメールアカウントを設定することができるので、仕事用のメールとプライベート用のメールをまとめて管理できます。
なお、本書では、Outlook 2019 でプロバイダーメールを使用する前提で解説を行っています。

プロバイダーメール

プロバイダーメールとは、インターネット接続サービスを提供しているプロバイダーが運営しているメールサービスのことです。Outlook 2019 でプロバイダーメールを使うには、プロバイダーから提供される接続情報が必要です。

Yahoo! メール

Yahoo! メールは、Yahoo! JAPAN が運営するメールサービスです。無料で「Yahoo! JAPAN ID」を取得すれば利用できます。シンプルで操作しやすい画面が特徴で、サポートも充実しています。

Outlook.com

Outlook.com は、マイクロソフトが運営するメールサービスです。これは、「Windows Live Hotmail」と呼ばれていた Web メールサービスの後継で、現在では機能も画面も一新され、シンプルなユーザーインターフェースで利用することができます。紛らわしい名称ですが、Outlook 2019 と Outlook.com には、直接の関係はありませんので注意してください。

Gmail

Gmailは、グーグルが運営するメールサービスです。無料で「Googleアカウント」を取得すれば利用できます。Gmailではセキュリティ保護が重視されているため、Outlookに設定する前にGmail側での設定変更が必要な場合があります。お使いのGmailのアカウントが以下の設定になっているか、あらかじめ確認しておきましょう。

> Gmailの＜設定＞画面の＜メール転送とPOP/IMAP＞から、＜IMAPを有効にする＞をオンにします。

> 「https://myaccount.google.com/security」のページにある＜安全性の低いアプリの許可＞をオンにして有効にします。

> **M**emo
> ### POPとIMAP
> メールを受信するためのサーバーを「受信メールサーバー」といい、「POP」と「IMAP」の2種類があります。POPは、サーバーにあるメールをパソコンにダウンロードして管理する仕組みです。IMAPは、サーバーにあるメールをパソコンにダウンロードせず、サーバー上で管理する仕組みです。Outlook 2019では、POPとIMAPの両方に対応しています。

Section 03　第1章　Outlook 2019の基本

Outlook 2019を起動／終了する

Outlook 2019は、**スタート**メニューにあるアイコンをクリックすると起動できます。作業が終わったら、終了操作を行ってOutlook 2019を終了させましょう。

1 Outlook 2019を起動する

ここでは、Windows10の画面で解説します。

1 ＜スタート＞ボタンをクリックし、

2 ＜Outlook＞をクリックすると、

3 Outlook 2019が起動します。

Memo

Outlook 2019の起動時の画面

初めてOutlook 2019を起動したときは、＜Outlook＞画面が表示されます。メールアカウントを設定することができますので、詳しくはSec.04を参照してください。

タスクバーから起動する

タスクバーにOutlookのアイコンを表示しておけば、このアイコンをクリックすることで、Outlook を起動できるようになります。これにより、デスクトップ画面で作業しているときに、毎回スタートメニューからOutlookを起動する手間が省けます。

1 スタートメニューで＜Outlook＞を右クリックして、

2 ＜その他＞→＜タスクバーにピン留めする＞をクリックします。

3 タスクバーにOutlookのアイコンが登録されます。

2 Outlook 2019を終了する

1 タイトルバーの＜閉じる＞×をクリックすると、Outlook 2019を終了することができます。

作業途中のウィンドウがある場合

終了操作を行う際、書きかけのメールや入力が途中の予定などがある場合、それらを保存するかどうかを確認するダイアログボックスが表示されます。＜いいえ＞をクリックすると、保存されずにOutlook 2019が終了します。

Section 04　第1章　Outlook 2019の基本

メールアカウントを設定する

Outlook 2019を初めて起動すると、メールアカウントの設定画面が表示されます。メールを利用するには、メールアドレス、アカウント名、パスワード、メールサーバー情報などが必要です。

1 自動でメールアカウントを設定する

Outlook 2019を初めて起動すると、＜Outlook＞画面が表示されます。

1 メールアドレスを入力し、

2 ＜接続＞をクリックします。

3 パスワードを入力し、

4 ＜接続＞をクリックすると、

Keyword
メールアカウント

メールアカウントとは、メールを送受信することができる権利のことです。郵便にたとえると、個人用の郵便受けのようなものです。

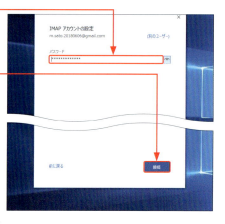

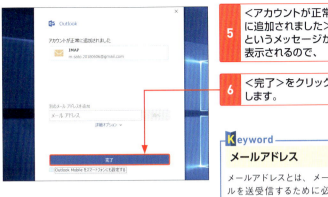

5 <アカウントが正常に追加されました>というメッセージが表示されるので、

6 <完了>をクリックします。

Keyword

メールアドレス

メールアドレスとは、メールを送受信するために必要な自分の「住所」です。半角の英数字で表記されています。

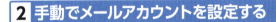

2 手動でメールアカウントを設定する

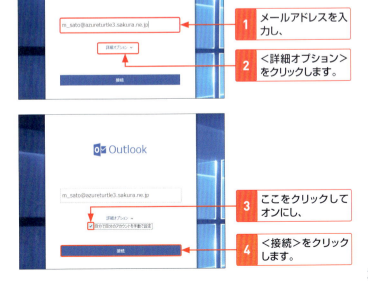

1 メールアドレスを入力し、

2 <詳細オプション>をクリックします。

3 ここをクリックしてオンにし、

4 <接続>をクリックします。

第1章 Outlook 2019の基本

27

| 5 | アカウントの種類(ここでは<POP>)を選択します。 |

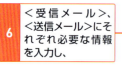

| 6 | <受信メール>、<送信メール>にそれぞれ必要な情報を入力し、 |

| 7 | <次へ>をクリックします。 |

| 8 | <パスワード>を入力し、 |

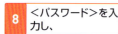

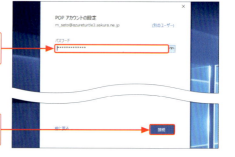

| 9 | <接続>をクリックします。 |

Keyword

受信メールサーバーと送信メールサーバー

メールを受信するためのサーバーを「受信メールサーバー」(POP3サーバーもしくはIMAPサーバー)、メールを送信するためのサーバーを「送信メールサーバー」(SMTPサーバー)と呼びます。

28

10 確認のポップアップが表示された場合は、

Memo
確認のポップアップ

手順11で<OK>をクリックしても先に進めない場合は、ユーザー名の「@」以降を削除して<OK>をクリックすると先に進める場合があります。

11 <OK>をクリックします。

12 <アカウントが正常に追加されました>というメッセージが表示されるので、

13 <完了>をクリックすると、

14 Outlook 2019の<メール>画面が表示されます。

Section 05 第1章 Outlook 2019の基本

Outlook 2019の画面の構成と切り替え

画面左下の＜メール＞、＜予定表＞、＜連絡先＞、＜タスク＞のアイコンをクリックすると、それぞれの機能に画面が切り替わります。画面構成は機能ごとに異なりますが、基本的な操作は同じです。

1 Outlook 2019の基本的な画面構成

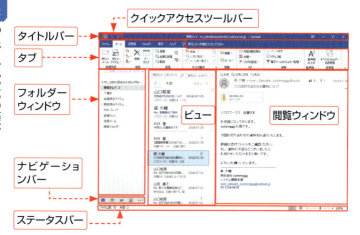

名称	機能
クイックアクセスツールバー	頻繁に利用する操作がコマンドとして登録されています。
タイトルバー	画面上で選択している機能やフォルダーの名前を表示します。
タブ	よく使う操作が目的別に分類されています。
フォルダーウィンドウ	目的のフォルダーやアイテムにすばやくアクセスできます。
ビュー	メールや連絡先など、各機能のアイテムを一覧で表示します。
閲覧ウィンドウ	ビューで選択したアイテムの内容（メールの内容や連絡先の詳細など）を表示します。
ナビゲーションバー	メール、予定表、連絡先、タスクなど、各機能の画面に切り替えることができます。
ステータスバー	左端にアイテム数（メールや予定の数）、中央に作業中のステータス、右端にズームスライダーなどを表示します。

2 メール/予定表/連絡先/タスクの画面を切り替える

<メール>の画面を表示しています。

| 1 | <予定表>をクリックすると、 |

| 2 | <予定表>の画面が表示されます。 |

| 3 | 同様にして他のアイコンをクリックすると、それぞれの機能の画面に切り替わります。 |

第1章 Outlook 2019の基本

31

3 ナビゲーションバーの表示順序を変更する

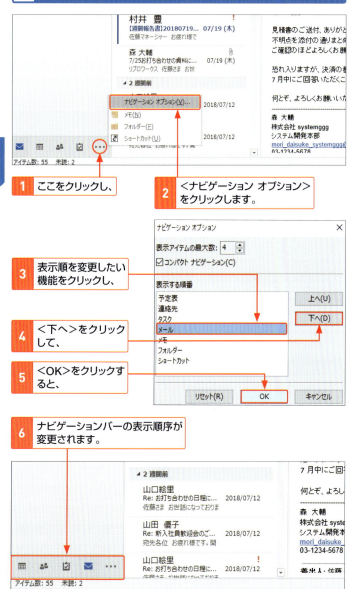

4 ナビゲーションバーをテキスト表示にする

P.32手順 1 〜 2 を参考にして、＜ナビゲーション オプション＞ダイアログボックスを表示します。

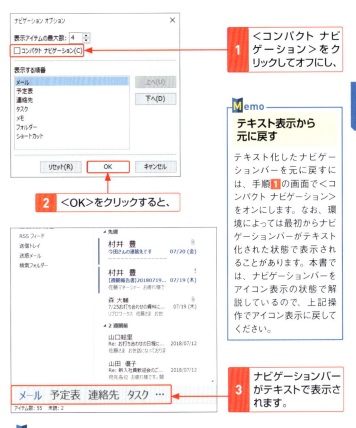

1 ＜コンパクト ナビゲーション＞をクリックしてオフにし、

2 ＜OK＞をクリックすると、

3 ナビゲーションバーがテキストで表示されます。

Memo

テキスト表示から元に戻す

テキスト化したナビゲーションバーを元に戻すには、手順 1 の画面で＜コンパクト ナビゲーション＞をオンにします。なお、環境によっては最初からナビゲーションバーがテキスト化された状態で表示されることがあります。本書では、ナビゲーションバーをアイコン表示の状態で解説しているので、上記操作でアイコン表示に戻してください。

Memo

ナビゲーションバーに表示可能な項目

ナビゲーションバーには、＜メール＞＜予定表＞＜連絡先＞＜タスク＞のほか、＜メモ＞＜フォルダー＞＜ショートカット＞を表示することができます。＜メモ＞はデスクトップ上にメモを残せる付箋機能のことです。＜フォルダー＞は、Outlook 2019上のすべてのフォルダーが表示されます。＜ショートカット＞は、よく使うフォルダーのショートカットをまとめたものです。

Section 06　第1章　Outlook 2019の基本

Outlook 2019の リボン画面

Outlook 2019は、画面上部にある<リボン>から各種操作が行えます。それぞれの<タブ>の名前の部分をクリックすると、タブの内容が切り替わるしくみになっています。

1 タブを切り替える

<ホーム>タブが表示されています。

1. <送受信>タブをクリックすると、

2. <送受信>タブのコマンドが表示されます。

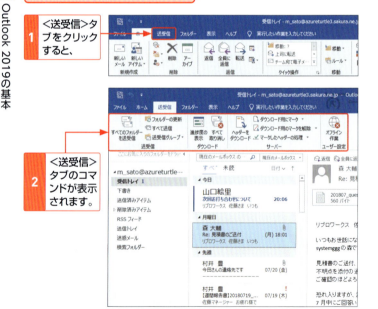

Keyword

リボン

リボンとは、各コマンド（操作）をグループ化して画面上にボタンとしてまとめたものです。タブの名前の部分をクリックしてタブを切り替え、ボタンをクリックすることで、該当する操作を行えます。

2 リボンを折りたたむ

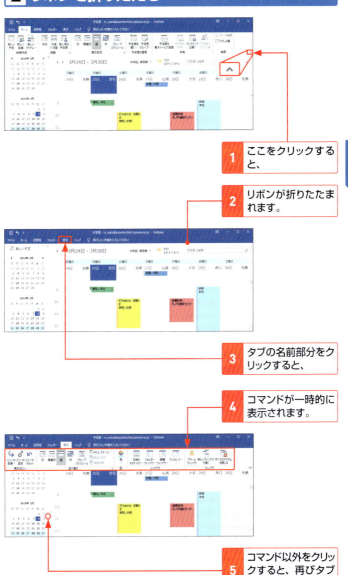

1 ここをクリックすると、
2 リボンが折りたたまれます。
3 タブの名前部分をクリックすると、
4 コマンドが一時的に表示されます。
5 コマンド以外をクリックすると、再びタブが折りたたまれます。

第1章 Outlook 2019の基本

35

3 機能ごとの主なタブ

<メール>の<ホーム>タブ

<メール>の<表示>タブ

<予定表>の<ホーム>タブ

<連絡先>の<ホーム>タブ

<タスク>の<ホーム>タブ

Memo

機能ごとにタブの内容は切り替わる

Outlook2019には<メール><予定表><連絡先><タスク>という4つの機能があります。それぞれの画面に切り替えると、タブに表示される内容も変化します。なお、主な操作は<ホーム>タブにまとめられています。

第2章

メールの基本操作

07	メール画面の見方
08	メールを作成／送信する
09	メールを受信する
10	受信した添付ファイルを確認／保存する
11	メールを複数の宛先に送信する
12	ファイルを添付して送信する
13	メールを下書き保存する
14	メールを返信／転送する
15	メールの文字書式を変更する
16	メールの画面を見やすくする
17	署名を作成する
18	メールを印刷する
19	メールを削除する

Section 07　第2章 メールの基本操作

メール画面の見方

Outlook 2019の「メール」画面では、これまで送受信したメールがビューに一覧表示されます。目的のメールをクリックすると、閲覧ウィンドウに内容が表示されます。

1 ＜メール＞の基本的な画面構成

＜メール＞の一般的な作業は、以下の画面で行います。

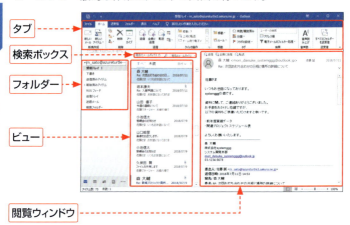

- タブ
- 検索ボックス
- フォルダー
- ビュー
- 閲覧ウィンドウ

名称	機能
タブ	よく使う操作が目的別に分類されています。
検索ボックス	キーワードを入力してメールを検索します。
フォルダー	フォルダーごとに分類されたメールが保存されます。
ビュー	選択したフォルダーに格納されたメールが表示されます。3種類の表示方法があります（Sec.16参照）。
閲覧ウィンドウ	選択したメールの内容が表示されます。

2 ＜メッセージ＞ウィンドウの画面構成

＜メール＞の新規作成画面（Sec.08 参照）では、＜メッセージ＞ウィンドウが表示されます。

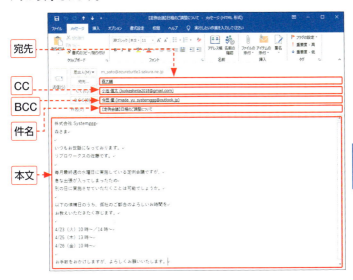

名称	機能
宛先	送信先のメールアドレスを入力します。
件名	メールの件名を入力します。
CC	メールのコピーを送りたい相手の宛先を入力します。
BCC	ほかの送信先にメールアドレスを知らせずに、メールのコピーを送りたい相手の宛先を入力します。
本文	メールアドレスの本文を入力します。

Memo

インライン返信機能

Outlook 2019では、＜メール＞の返信／転送画面がインライン表示となり、＜メッセージ＞ウィンドウは表示されなくなっています（Sec.14参照）。なお、ビューに表示されたメールをダブルクリックすると、＜メッセージ＞ウィンドウで表示することができます。

Section 08　第2章　メールの基本操作

メールを作成／送信する

メールの設定変更が終わったら、新しいメールを作成し送信してみましょう。宛先、件名、本文を入力して＜送信＞をクリックすることで、メールが相手に送信されます。

1 メールを作成する

1 ＜新しいメール＞をクリックすると、

2 ＜メッセージ＞ウィンドウが表示されます。

3 ＜宛先＞にメールアドレスを入力し、

4 件名と本文を入力します。

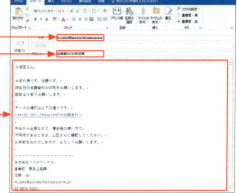

2 メールを送信する

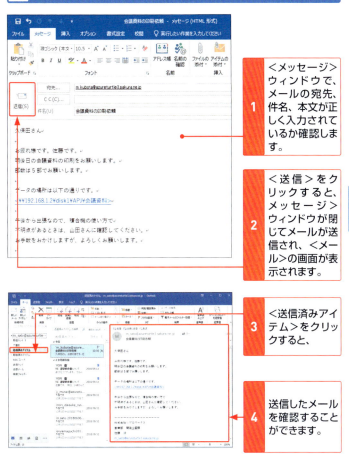

1. <メッセージ>ウィンドウで、メールの宛先、件名、本文が正しく入力されているか確認します。

2. <送信>をクリックすると、メッセージ>ウィンドウが閉じてメールが送信され、<メール>の画面が表示されます。

3. <送信済みアイテム>をクリックすると、

4. 送信したメールを確認することができます。

Hint

<送信トレイ>にメールが残っている場合

送信したはずのメールが<送信トレイ>にある場合は、何らかの理由でメールが相手に送信されていません。原因としては、パソコンがインターネットに接続されていなかった、送信中に何らかのトラブルがあったなどが考えられます。メールをダブルクリックすると、<メッセージ>ウィンドウが開くので、再度内容を確認してから送信を行ってください。

Section 09　第2章 メールの基本操作

メールを受信する

＜すべてのフォルダーを送受信＞をクリックすると、メールが**受信**できます。受信したメールは、「受信トレイ」に一覧表示され、内容は閲覧ウィンドウに表示されます。

1 メールを受信する

1. ＜送受信＞タブをクリックし、

2. ＜すべてのフォルダーを送受信＞をクリックすると、

3. メールの送受信が行われます。

4. メールを受信すると、＜受信トレイ＞に新着メールの数が表示され、

5. ここに新着メールが表示されます。

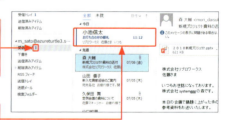

Memo

送信トレイのメール

＜すべてのフォルダーを送受信＞の操作を行った場合、メールの受信に加えて＜送信トレイ＞にあるメールの送信も行われます。送信に失敗したメールや、Sec.32の方法で一時的に送信トレイに移動していたメールはすべて送信されてしまうので注意してください。

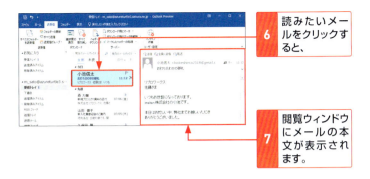

2 閲覧ウィンドウの文字を大きくする

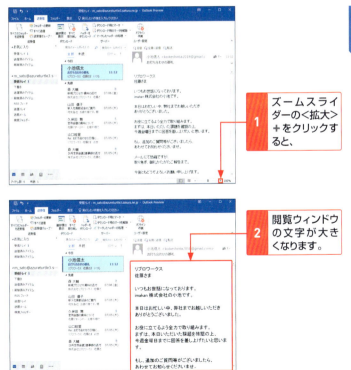

Section 10　第2章 メールの基本操作

受信した添付ファイルを確認／保存する

Outlook 2019では、アプリケーションを起動せずに、**添付ファイルの内容**を確認できるプレビュー機能を備えています。また、添付ファイルをパソコンに保存することも可能です。

1 添付ファイルをプレビュー表示する

1. 添付ファイルがあるメールをクリックします。

ファイルが添付されたメールには 📎 が表示されます。

2. 添付ファイルをクリックすると、

3. 添付ファイルのプレビューが表示されます。

4 <メッセージに戻る>をクリックすると、本文表示に戻ります。

2 添付ファイルを保存する

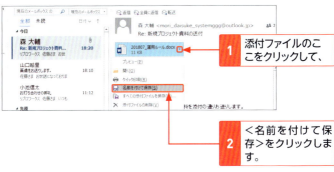

1 添付ファイルのここをクリックして、

2 <名前を付けて保存>をクリックします。

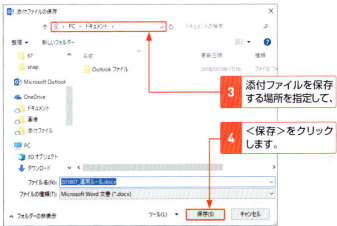

3 添付ファイルを保存する場所を指定して、

4 <保存>をクリックします。

Section 11　第2章 メールの基本操作

メールを複数の宛先に送信する

複数の人にメールを送る場合、<宛先>にメールアドレスを追加していきます。また、CCやBCCを利用した複数宛の送信方法もあります。

1 複数の宛先にメールを送信する

Sec.08を参考に<メッセージ>ウィンドウを開き、件名と本文を入力しておきます。

1 <宛先>に1人目のメールアドレスを入力します。

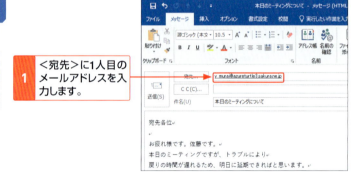

2 「;」(セミコロン)を入力した後に、2人目のメールアドレスを入力して、

3 <送信>をクリックします。

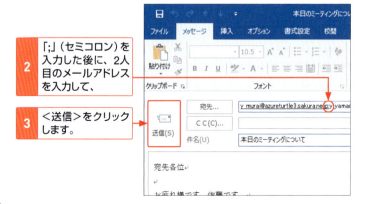

2 別の宛先にメールのコピーを送信する

<メッセージ>ウィンドウを開き、宛先と件名、本文を入力しておきます。

1 <CC>に、メールのコピーを送りたい相手のメールアドレスを入力し、

2 <送信>をクリックします。

3 宛先を隠してメールのコピーを送信する

<メッセージ>ウィンドウを開き、宛先と件名、本文を入力しておきます。

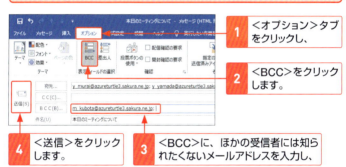

1 <オプション>タブをクリックし、

2 <BCC>をクリックします。

3 <BCC>に、ほかの受信者には知られたくないメールアドレスを入力し、

4 <送信>をクリックします。

Keyword

CC

<CC>とは、<宛先>の人に対して送るメールを、他の人にも確認してほしいときに使う機能です。<CC>に入力した相手には、<宛先>に送ったメールと同じ内容のメールが届きます。たとえば、メールの内容を相手だけでなくその上司にも確認してもらいたい場合などに使います。<CC>に入力したメールアドレスは、送信したすべての人に通知されます。

Keyword

BCC

<BCC>は<CC>と異なり、入力したメールアドレスが送信した人に通知されません。<宛先>に送ったメールを他の人にも確認してもらいたいけど、メールアドレスは見せたくないというときに使う機能です。なお、送り先全員を<BCC>にしたい場合は、<宛先>に自分のメールアドレスを入力するとよいでしょう。

Section 12 第2章 メールの基本操作

ファイルを添付して送信する

メールは文章以外にも、WordやExcelなどのOfficeファイル、デジカメで撮影した写真なども送信できます。サイズの大きな写真は、自動的に縮小して送信する機能を利用すると便利です。

1 メールにファイルを添付して送信する

Sec.08を参考に<メッセージ>ウィンドウを開き、宛先と件名、本文を入力しておきます。

1. <メッセージ>タブをクリックし、
2. <ファイルの添付>をクリックします。
3. <このPCを参照>をクリックします。
4. 添付したいファイルの保存場所を開き、
5. 添付したいファイルをクリックして、
6. <挿入>をクリックします。

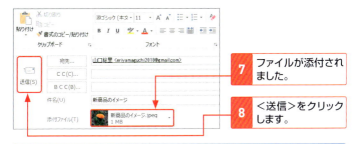

7 ファイルが添付されました。

8 <送信>をクリックします。

2 送信時に画像を自動的に縮小する

P.48手順1～6の操作で、メールに画像を添付しています。

1 <ファイル>タブをクリックします。

Memo

添付画像の縮小機能

添付画像の縮小機能を利用すると、大きなサイズの画像を最大1024×768まで縮小して送信することができます。

2 <このメッセージを送信するときに大きな画像のサイズを変更する>をクリックします。

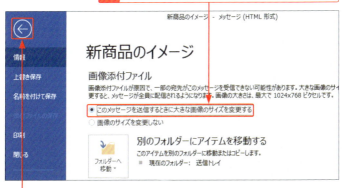

3 このアイコンをクリックすると、元の画面に戻ります。

第2章 メールの基本操作

49

Section 13　第2章 メールの基本操作

メールを下書き保存する

作成したメールをあとで見直したい場合や、やむを得ず作業を中断しなければならない場合は、<下書き>に保存します。**下書き保存**したメールは、あとから編集することも可能です。

1 メールを下書き保存する

1 <メッセージ>ウィンドウを表示して、メールを新規作成します。

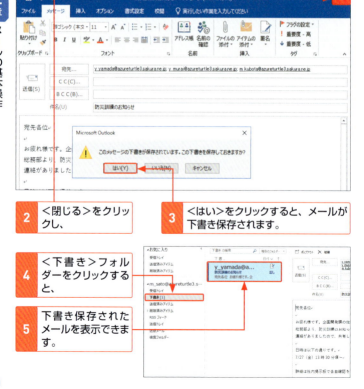

2 <閉じる>をクリックし、

3 <はい>をクリックすると、メールが下書き保存されます。

4 <下書き>フォルダーをクリックすると、

5 下書き保存されたメールを表示できます。

2 下書き保存したメールを送信する

<下書き>フォルダーを表示しています。

1. 下書き保存されたメールをダブルクリックします。
2. 本文の追加や修正を行い、<送信>をクリックしてメールを送信します。

第2章 メールの基本操作

Memo

<下書き>への自動保存

Outlook 2019では、メールを作成したまま送信しないでいると、自動的に「下書き」に保存されます。自動保存されるまでの時間は、<ファイル>タブの<オプション>→<Outlookのオプション>ダイアログボックスの以下の項目で変更可能です。

Section 14 第2章 メールの基本操作

メールを返信／転送する

メールで返事を出すことを**返信**、メールの内容を他の人に送ることを**転送**といいます。件名の先頭には、返信はRE：、転送はFW：が付加されます。

1 メールを返信する

1 返信したいメールをクリックし、

2 ＜返信＞をクリックします。

＜全員に返信＞をクリックすると、＜CC＞に含まれた人にも返信できます。

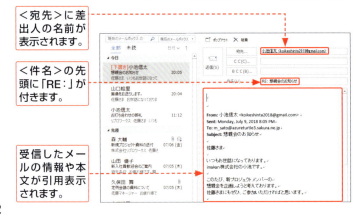

＜宛先＞に差出人の名前が表示されます。

＜件名＞の先頭に「RE：」が付きます。

受信したメールの情報や本文が引用表示されます。

2 メールを転送する

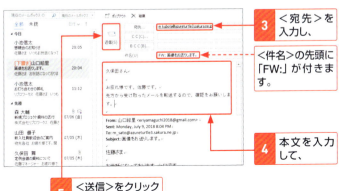

Section 15　第2章 メールの基本操作

メールの文字書式を変更する

Outlook 2019では、**フォント**や**文字サイズ**を変えたり、文字に色をつけて目立たせたりできます（HTML形式のみ）。特別なメッセージを送るときなどに活用しましょう。

1 フォント／文字サイズ／色を変更する

Sec.08を参考に＜メッセージ＞ウィンドウを開き、本文を入力しておきます。

1. フォントを変えたい文字をドラッグして選択し、
2. ＜書式設定＞タブをクリックします。
3. ここをクリックして、
4. フォントを選択すると、フォントが変更されます。

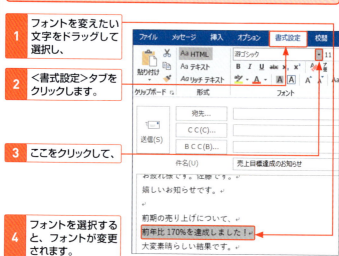

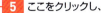

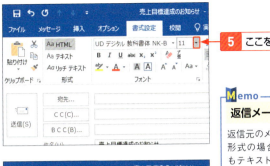

5 ここをクリックし、

Memo

返信メールの注意点

返信元のメールがテキスト形式の場合、返信メールもテキスト形式で作成され、文字書式の設定は行えません。

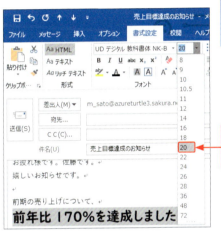

6 サイズを選択すると、文字サイズが変更されます。

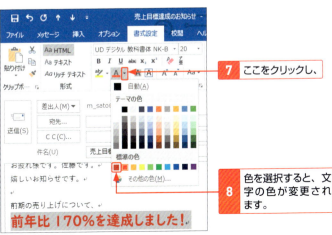

7 ここをクリックし、

8 色を選択すると、文字の色が変更されます。

Section 16 第2章 メールの基本操作

メールの画面を見やすくする

<受信トレイ>の表示方法を変えたい場合は、<ビュー>を変更します。<ビュー>の種類は、<コンパクト>、<シングル>、<プレビュー>の3つがあります。

1 ビューを<シングル>に変更する

1	<表示>タブをクリックして、
2	<ビューの変更>をクリックし、
3	<シングル>をクリックすると、
4	見出しが表示され、
5	<差出人>、<件名>、<受信日時>が1行で表示されます。

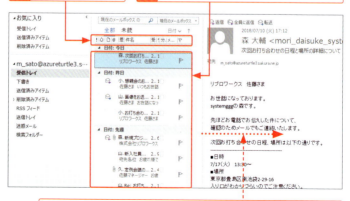

見やすくするには、ここをドラッグしてビューの表示範囲を広げます。

2 閲覧ウィンドウの位置を変更する

1 <表示>タブをクリックし、

2 <閲覧ウィンドウ>をクリックして、

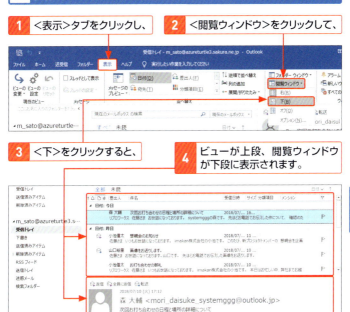

3 <下>をクリックすると、

4 ビューが上段、閲覧ウィンドウが下段に表示されます。

5 <閲覧ウィンドウ>をクリックし、

6 <オフ>をクリックすると、

7 閲覧ウィンドウが消え、ビューのみが表示されます。

第2章 メールの基本操作

57

Section 17　第2章 メールの基本操作

署名を作成する

署名とは、自分の名前や連絡先などをまとめたもので、作成するメールの末尾に表示されます。あらかじめ署名を設定しておけば、メール作成時に連絡先を記載する手間が省けます。

1 署名を作成する

1 ＜ファイル＞タブの＜オプション＞をクリックし、＜Outlookのオプション＞ダイアログボックスを表示します。

2 ＜メール＞クリックして、

3 ＜署名＞をクリックします。

4 ＜新規作成＞をクリックし、

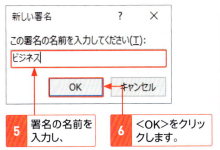

Hint

署名の名前

署名の名前は、「ビジネス」や「プライベート」など、わかりやすい名前を付けておきましょう。複数の署名を作成して、切り替えて使用することもできます。

5 署名の名前を入力し、

6 <OK>をクリックします。

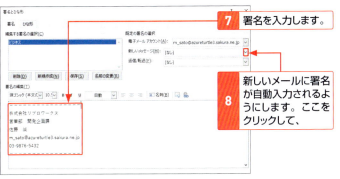

7 署名を入力します。

8 新しいメールに署名が自動入力されるようにします。ここをクリックして、

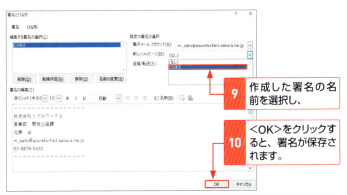

9 作成した署名の名前を選択し、

10 <OK>をクリックすると、署名が保存されます。

Memo

署名の長さに注意

署名を作成するときは、名前や住所、メールアドレス、電話番号などの情報を数行にまとめるようにしましょう。情報を盛り込みすぎて、膨大な分量になってしまわないように注意してください。区切り線も含めて、全体で4～6行程度にまとめるのがよいでしょう。

Section 18 第2章 メールの基本操作

メールを印刷する

プリンターを使用して、Outlook 2019のメールを紙に印刷できます。また、自宅にプリンターがない場合は、メールをPDFで保存することもできます。

1 メールを印刷する

1 印刷したいメールをクリックし、

2 <ファイル>タブをクリックします。

Memo 印刷部数を変更する

手順 5 で<印刷オプション>をクリックすると、印刷部数を変更できます。

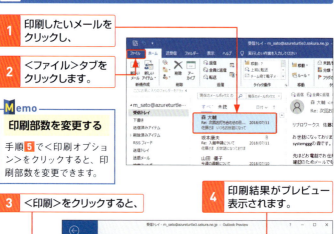

3 <印刷>をクリックすると、

4 印刷結果がプレビュー表示されます。

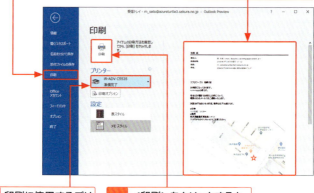

5 印刷に使用するプリンターを選択して、

6 <印刷>をクリックすると、メールが印刷されます。

2 メールをPDFとして保存する

P.60の手順 1 ～ 3 と同様の操作で、印刷画面を表示します。

1 ＜Microsoft Print to PDF＞を選択して、

2 ＜印刷＞をクリックします。

3 PDFの保存場所を指定し、

4 ファイル名を入力して、

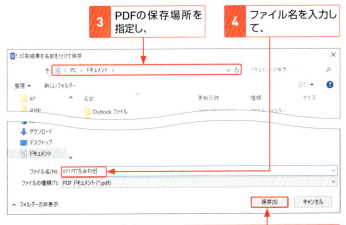

5 ＜保存＞をクリックすると、メールがPDFとして保存されます。

Hint

PDFにするメリット

万が一メールデータを失った場合に備え、アカウント情報や決済情報など、大切なメールはPDFで保管しておくと安心です。

Section 19　第2章 メールの基本操作

メールを削除する

削除したメールは、いったん「**削除済みアイテム**」に移動されます。その後、「削除済みアイテム」から削除することで、完全にメールが削除されます。

1 メールを削除する

1 削除したいメールをクリックし、

2 <ホーム>タブをクリックして、

3 <削除>をクリックすると、メールが削除されます。

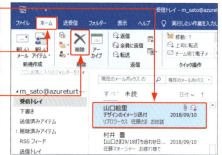

4 <削除済みアイテム>をクリックすると、削除したメールが移動していることを確認できます。

5 <削除>をクリックし、

Hint
<削除済みアイテム>のメールを元に戻す

手順**4**の画面で、<削除済みアイテム>のメールを<受信トレイ>にドラッグすると、メールを元に戻すことができます。

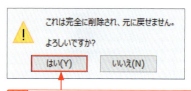

6 <はい>をクリックすると、メールが完全に削除されます。

第3章

メールの検索と整理

20	メールを検索する
21	メールを並べ替える
22	同じ件名のメールをまとめて表示する
23	条件に合ったメールを目立たせる
24	未読メールのみを表示する
25	メールをフォルダーで管理する
26	メールに色を付けて分類する
27	受信メールを自動的にフォルダーに振り分ける
28	迷惑メールを自動的に振り分ける
29	特定ワードが含まれたメールをまとめて表示する
30	特定のメールを自動的に色で分類する

Section 20　第3章 メールの検索と整理

メールを検索する

メールをすばやく見つけ出したいときは、**クイック検索**を使います。
検索ボックスにキーワードを入力すると、そのキーワードを含んだ
メールが一覧表示されます。

1 ＜クイック検索＞で検索する

ここでは、＜受信トレイ＞の中から「小池信太」という文字列が含まれた
メールを検索します。

1 ＜受信トレイ＞をクリックし、

2 検索ボックスをクリックします。

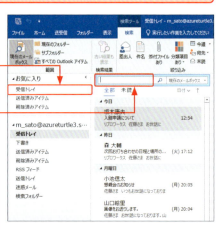

Memo

検索対象の
メールボックス

右の画面で＜現在のメールボックス＞をクリックすると、検索対象を＜現在のフォルダー＞や＜すべてのOutlookアイテム＞などに変更できます。

3 「小池信太」と入力すると、

4 検索結果が表示されます。

検索した文字列に黄色いマーカーが引かれています。

2 検索結果を閉じる

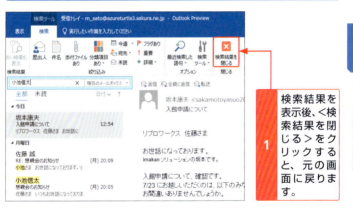

1 検索結果を表示後、<検索結果を閉じる>をクリックすると、元の画面に戻ります。

Hint

Outlook全体で検索する

検索時に、<検索>タブの<すべてのOutlookアイテム>をクリックすることで、検索対象のフォルダーをOutlook全体に広げることができます。

Section 21 第3章 メールの検索と整理

メールを並べ替える

<受信トレイ>に表示されたメールは、**日付の古い順**や**差出人ごと**に並べ替えることが可能です。用途に応じて並べ替えることで、目的のメールがより探しやすくなります。

1 メールを日付の古い順に並べ替える

<受信トレイ>を表示し、メールが日付の新しい順に並んでいます。

1 <↑>をクリックすると、

2 表示が<↓>に変わり、

3 日付の古いメールから順に並びます。

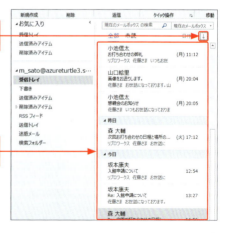

66

2 メールを差出人ごとに並べ替える

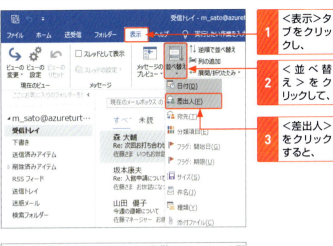

1 <表示>タブをクリックし、
2 <並べ替え>をクリックして、
3 <差出人>をクリックすると、

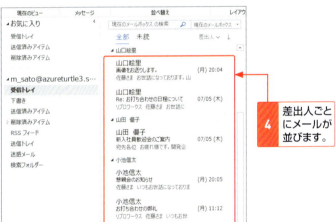

4 差出人ごとにメールが並びます。

Memo

並べ替えの操作について

画面のサイズによっては、手順 2 で並べ替えの項目を選択できます。

Section 22　第3章 メールの検索と整理

同じ件名のメールを まとめて表示する

同じ件名のメールを1つにまとめて階層表示する機能を<スレッドビュー>と呼びます。<スレッドビュー>では、送受信したメールが一覧表示されるため、これまでのやりとりがひと目で把握できます。

1 スレッドビューを表示する

<受信トレイ>を表示しています。

1. <表示>タブをクリックし、

2. <スレッドとして表示>をクリックしてオンにします。

Memo

スレッドビューの解除

スレッドビューを解除するには、前ページ手順2と同様の操作で、<スレッドとして表示>をオフにします。

3. <すべてのメールボックス>をクリックします(解除は左のMemo参照)。

4. 同じ相手とやりとりしたメールがまとめられ、先頭にアイコン(▷)が表示されます。このアイコンをクリックすると、スレッドビューが展開されます。

2 スレッドを常に展開する

左ページの手順の続きです。

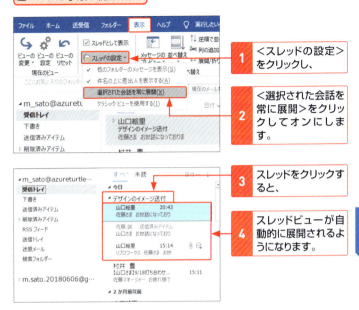

1 <スレッドの設定>をクリックし、

2 <選択された会話を常に展開>をクリックしてオンにします。

3 スレッドをクリックすると、

4 スレッドビューが自動的に展開されるようになります。

StepUp

重複した内容のメールを削除する

スレッドビューで<スレッドのクリーンアップ>を行うと、重複したメールを削除できます。重複したメールとは、返信メールの中などに内容が引用されているメールのことです。

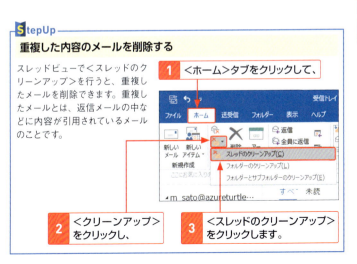

1 <ホーム>タブをクリックして、

2 <クリーンアップ>をクリックし、

3 <スレッドのクリーンアップ>をクリックします。

Section 23 第3章 メールの検索と整理

条件に合ったメールを目立たせる

頻繁にやりとりする相手からのメールを色分けしておくと、見た目でわかりやすくなり、毎回探し出す手間が省けます。色は16種類あり、好みに合わせて選べます。

1 メールを色分けする

1. <表示>タブをクリックし、
2. <ビューの設定>をクリックします。
3. <条件付き書式>をクリックします。

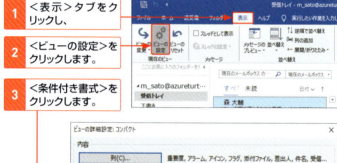

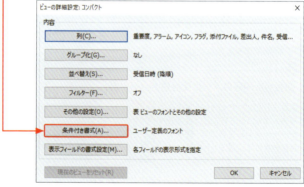

Memo

分類項目との違い

メールを色分けする方法として、分類項目を利用することもできます(Sec.26参照)。しかし、分類項目はアイコンが小さく表示されるだけであまり目立ちません。条件付き書式の利点は、件名や差出人など全体に色を付けることができるため、一覧にしたときにも大変わかりやすくなります。

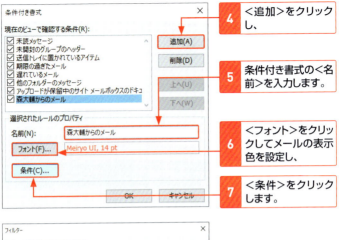

4 <追加>をクリックし、

5 条件付き書式の<名前>を入力します。

6 <フォント>をクリックしてメールの表示色を設定し、

7 <条件>をクリックします。

8 色分け相手のメールアドレスを入力し、

9 <OK>を続けてクリックして設定を完了します。

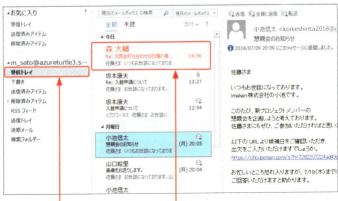

10 <受信トレイ>をクリックすると、

11 条件に合うメールの色が変更されています。

Section 24 第3章 メールの検索と整理

未読メールのみを表示する

メールを読んでいない状態を＜未読＞、すでに読み終わった状態を＜既読＞（開封済み）と呼びます。未読メールのみを表示する機能を利用すれば、重要なメールをすぐに見つけられます。

1 未読メールのみを表示する

＜受信トレイ＞を表示しています。

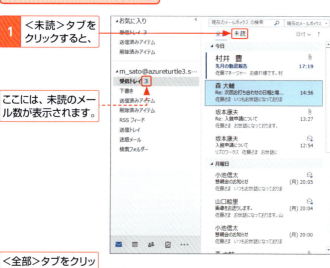

1. ＜未読＞タブをクリックすると、

ここには、未読のメール数が表示されます。

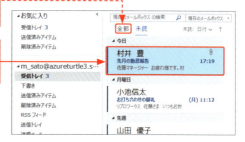

＜全部＞タブをクリックすると、元の表示に戻ります。

2. 未読のメールのみが表示されます。

2 既読メールを未読に切り替える

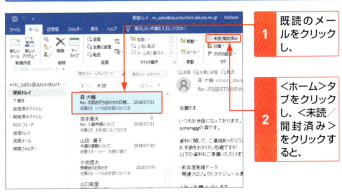

1 既読のメールをクリックし、

2 <ホーム>タブをクリックし、<未読/開封済み>をクリックすると、

3 メールが未読に切り替わります。

第3章 メールの検索と整理

Memo

一定時間経ったら既読にする

未読メールは通常、閲覧ウィンドウでの表示が終わると既読になります。閲覧ウィンドウに表示してから一定時間後に既読にするには、<表示>タブの<閲覧ウィンドウ>→<オプション>で、右記の設定を行います。好みによって使い分けましょう。

1 <次の時間閲覧ウィンドウで表示するとアイテムを開封済みにする>をクリックしてオンにして、

2 秒数を入力し、

3 <OK>をクリックします。

73

Section 25 第3章 メールの検索と整理

メールをフォルダーで管理する

受信メールをフォルダーに分けて管理すると、目的のメールが探しやすくなります。フォルダー名は自由に変えられるので、わかりやすい名前を付けましょう。

1 フォルダーを新規作成する

ここでは、新しいフォルダーとして<定例会議>フォルダーを作成します。

1 <フォルダー>タブをクリックし、

2 <新しいフォルダー>をクリックします。

3 フォルダー名を入力し、

4 フォルダーを作成したい場所(ここでは<受信トレイ>)をクリックします。

5 <OK>をクリックすると、

6 手順4で選択したフォルダーの下層に、フォルダーが作成されます。

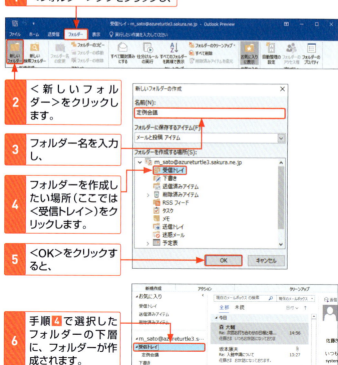

2 作成したフォルダーにメールを移動する

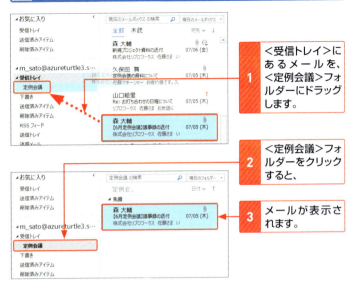

1. <受信トレイ>にあるメールを、<定例会議>フォルダーにドラッグします。
2. <定例会議>フォルダーをクリックすると、
3. メールが表示されます。

受信したメールを自動的にフォルダーに振り分けることもできます。詳しくは、Sec.27を参照してください。

Hint

複数のメールを一度に移動する

複数のメールを一度に移動させたい場合は、Ctrlを押しながら複数のメールをクリックしてドラッグします。また、順番に並んだ複数のメールを移動したい場合は、一番上のメールをクリックして選択した後、Shiftを押したまま一番下のメールをクリックします。これで、その間にあったメールがすべて選択されます。

CtrlまたはShiftを押しながらメールをクリックします。

3 フォルダーを<お気に入り>に表示する

1 <フォルダー>タブをクリックして、

2 お気に入りに表示したいフォルダーをクリックし、

3 <お気に入りに追加>をクリックすると、

4 <お気に入り>に表示されます。

Hint

<お気に入り>への表示をやめる

<お気に入り>に表示されたフォルダーは、再度手順**3**の<お気に入りに追加>をクリックすることで、お気に入りへの表示から外すことができます。

4 作成したフォルダーを削除する

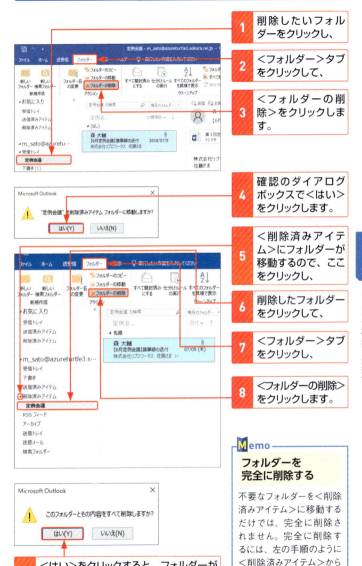

1. 削除したいフォルダーをクリックし、
2. <フォルダー>タブをクリックして、
3. <フォルダーの削除>をクリックします。
4. 確認のダイアログボックスで<はい>をクリックします。
5. <削除済みアイテム>にフォルダーが移動するので、ここをクリックし、
6. 削除したフォルダーをクリックして、
7. <フォルダー>タブをクリックし、
8. <フォルダーの削除>をクリックします。
9. <はい>をクリックすると、フォルダーが完全に削除されます。

第3章 メールの検索と整理

Memo

フォルダーを完全に削除する

不要なフォルダーを<削除済みアイテム>に移動するだけでは、完全に削除されません。完全に削除するには、左の手順のように<削除済みアイテム>から削除する必要があります。

Section 26 第3章 メールの検索と整理

メールに色を付けて分類する

Outlook 2019の各アイテム（メール、予定、連絡先、タスク）を自分のルールで管理したいときに活用できるのが**＜分類項目＞**です。ルールごとに、任意の**名前や色を設定**できます。

1 分類項目を作成して設定する

ここでは、メールに＜デザイナー案件＞という分類項目を赤色で設定します。
＜メール＞の画面を表示します。

1. 設定したいメールをクリックします。
2. ＜ホーム＞タブをクリックして、
3. ＜分類＞をクリックし、

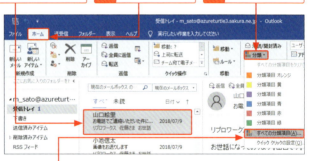

4. ＜すべての分類項目＞をクリックします。
5. 新しく分類項目を作成します。＜新規作成＞をクリックします。

Memo

一部のメールアカウントでは利用できない

「IMAP」で設定したメールアカウントでは、分類項目の機能を利用できません。

6	分類項目名を入力し、
7	ここをクリックして、
8	使用したい色をクリックし、
9	<OK>をクリックします。

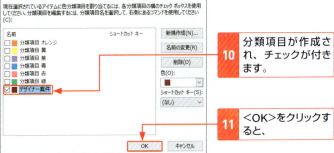

10	分類項目が作成され、チェックが付きます。
11	<OK>をクリックすると、

12	分類項目が設定されます。

Memo
分類項目の名前

分類項目の名前は、どのような項目なのかがわかりやすいように、具体的な名前を付けておくとよいでしょう。

Section 27　第3章 メールの検索と整理

受信メールを自動的にフォルダーに振り分ける

月例報告書など、**定期的に送られてくるメール**は、自動的にフォルダーに**振り分ける**ようにしましょう。メールを受信するたびに、フォルダーにドラッグする手間が省けます。

1 仕分けルールを作成する

ここでは、＜差出人＞が「森大輔」のメールを自動的にフォルダーに振り分けます。まずは、＜受信トレイ＞を表示しています。

1. 振り分けたいメールをクリックします。
2. ＜ホーム＞タブをクリックして、
3. ＜ルール＞をクリックし、
4. ＜仕分けルールの作成＞をクリックします。
5. 振り分け条件として＜差出人が次の場合＞をクリックしてオンにし、
6. ＜アイテムをフォルダーに移動する＞をクリックしてオンにするか＜フォルダーの選択＞をクリックします。

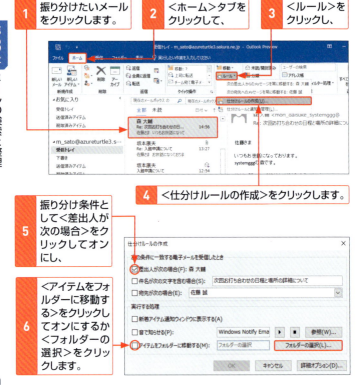

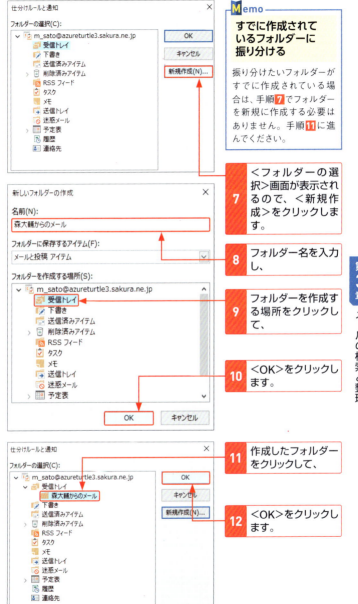

Memo

すでに作成されているフォルダーに振り分ける

振り分けたいフォルダーがすでに作成されている場合は、手順7でフォルダーを新規に作成する必要はありません。手順11に進んでください。

7	<フォルダーの選択>画面が表示されるので、<新規作成>をクリックします。
8	フォルダー名を入力し、
9	フォルダーを作成する場所をクリックして、
10	<OK>をクリックします。
11	作成したフォルダーをクリックして、
12	<OK>をクリックします。

第3章 メールの検索と整理

81

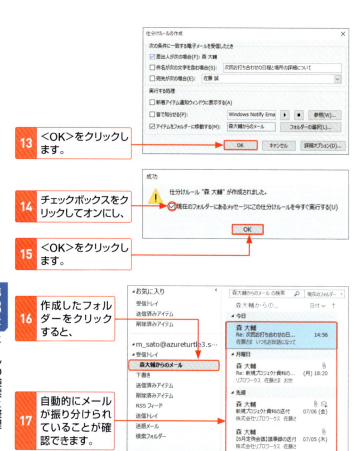

13 <OK>をクリックします。

14 チェックボックスをクリックしてオンにし、

15 <OK>をクリックします。

16 作成したフォルダーをクリックすると、

17 自動的にメールが振り分けられていることが確認できます。

Memo

振り分けられた新着メール

新しく受信したメールが自動的にフォルダーに振り分けられた場合、そのフォルダーに新着メールの受信数が表示されます。

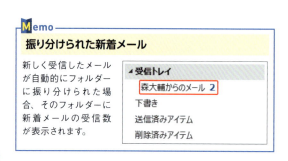

2 仕分けルールを削除する

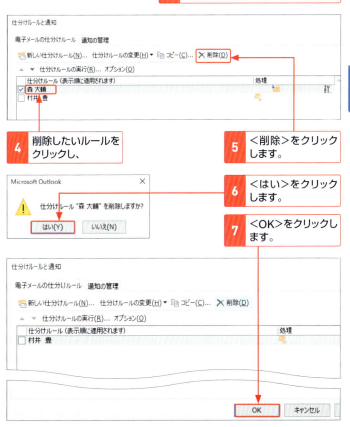

Section 28 第3章 メールの検索と整理

迷惑メールを自動的に振り分ける

Outlook 2019では、迷惑メールを自動で<迷惑メール>フォルダーに振り分ける機能を備えています。コンピューターウイルスの感染につながる危険性があるので、取り扱いには十分に注意しましょう。

1 迷惑メールの処理レベルを設定する

1 <ホーム>タブをクリックし、

2 <迷惑メール>をクリックして、

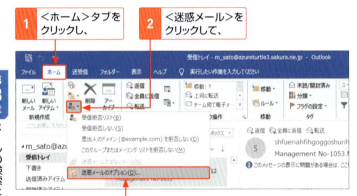

3 <迷惑メールのオプション>をクリックします。

4 迷惑メールの処理レベルを選択し、

5 <OK>をクリックします。

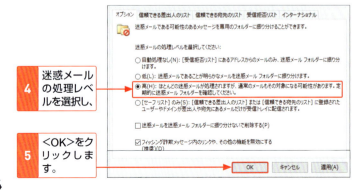

2 迷惑メールを＜受信拒否リスト＞に入れる

＜受信トレイ＞を表示しています。

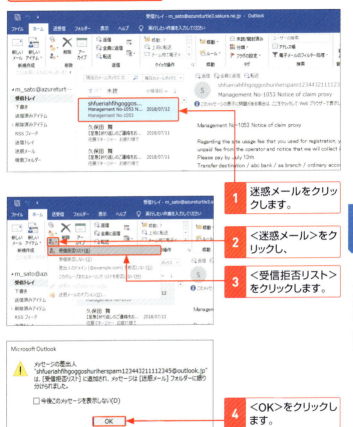

1. 迷惑メールをクリックします。
2. ＜迷惑メール＞をクリックし、
3. ＜受信拒否リスト＞をクリックします。
4. ＜OK＞をクリックします。

Memo

迷惑メールの処理レベル

Outlook 2019の初期設定では、迷惑メールの処理レベルが「自動処理なし」になっています。そのため、迷惑メールが「受信トレイ」に表示されてしまいます。ふだん、迷惑メールが多くない場合は「低」を、迷惑メールが多い場合は「高」を選択するとよいでしょう。また、信頼できる相手からのみ受け取る、「[セーフリスト]のみ」も選択できます。

Section 29　第3章 メールの検索と整理

特定ワードが含まれた メールをまとめて表示する

ある条件に一致したメールを抽出して表示するのが<検索フォルダー>です。一度条件を設定しておくと、それ以降受信したメールも検索フォルダーに自動で表示されます。

1 <検索フォルダー>を作成する

ここでは、「定例会議」の文字を含むメールを検索します。

1. <フォルダー>タブをクリックし、
2. <新しい検索フォルダー>をクリックします。
3. <特定の文字を含むメール>をクリックし、
4. <選択>をクリックします。

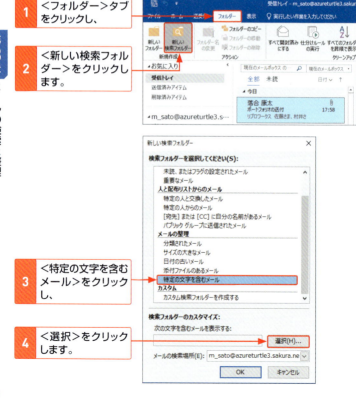

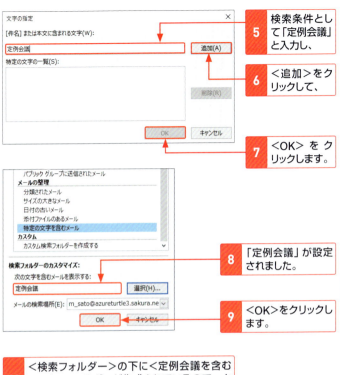

5 検索条件として「定例会議」と入力し、

6 <追加>をクリックして、

7 <OK>をクリックします。

8 「定例会議」が設定されました。

9 <OK>をクリックします。

10 <検索フォルダー>の下に<定例会議を含むメール>フォルダーが作成されているので、クリックすると、

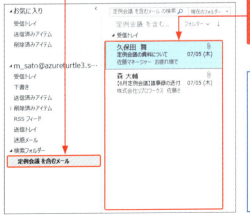

11 「定例会議」の文字を含むメールが表示されます。

Hint

検索フォルダーの削除

検索フォルダーの削除は、フォルダーの削除と同様の操作で行えます。その際、フォルダーの中のメールは削除されません。

第3章 メールの検索と整理

87

Section 30 第3章 メールの検索と整理

特定のメールを自動的に色で分類する

Sec.26で紹介したように、Outlook 2019ではメールに色を付けて分類できます。**仕分けルール**を作成して自動で**色**を付けることも可能です。目的のメールが見つけやすくなり便利です。

1 特定のメールを自動的に色で分類する

ここでは、<件名>に「至急」と含まれる自分宛てのメールを「分類項目　赤」に分類し、新着アイテム通知ウィンドウに表示します。

1 Sec.27を参考に、<仕分けルールの作成>ダイアログボックスを表示します。

2 <件名が次の文字を含む場合>をクリックしてオンにして、

3 「至急」と入力し、

4 <新着アイテム通知ウィンドウに表示する>をクリックしてオンにします。

5 <詳細オプション>をクリックし、

6 <次へ>をクリックします。

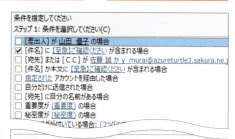

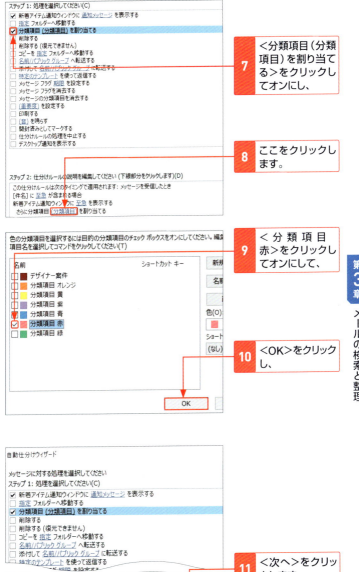

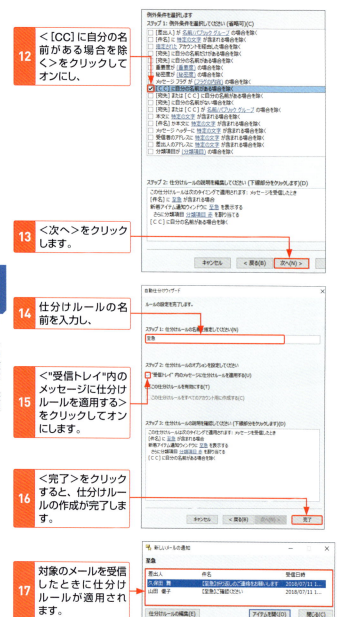

第4章

メールの便利技

31	お決まりの定型文を送信する
32	メールの誤送信を防ぐ
33	メールに重要度を設定する
34	メールを受信する間隔を短くする
35	メールをサーバーに残す期間を変更する
36	受信したメールを自動転送する
37	締め切りのあるメールにアラートを付ける
38	作成するメールを常にテキスト形式にする
39	削除済み／重複メールをまとめて削除する
40	メール受信時の通知方法を変更する

Section 31 第4章 メールの便利技

お決まりの定型文を送信する

毎月行われる定例会の報告など、決まった形式のメールを送信する場合は、定型文を作成しておくと便利です。メールを1から作成する手間が省け、作業効率が向上します。

1 クイック操作で定型文を作成する

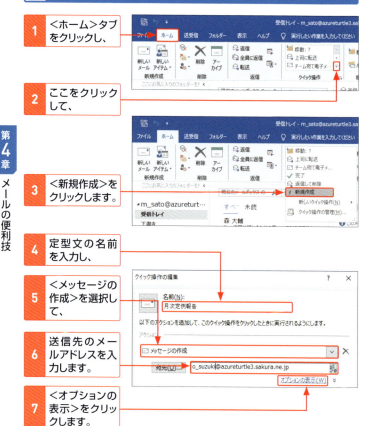

1. <ホーム>タブをクリックし、
2. ここをクリックして、
3. <新規作成>をクリックします。
4. 定型文の名前を入力し、
5. <メッセージの作成>を選択して、
6. 送信先のメールアドレスを入力します。
7. <オプションの表示>をクリックします。

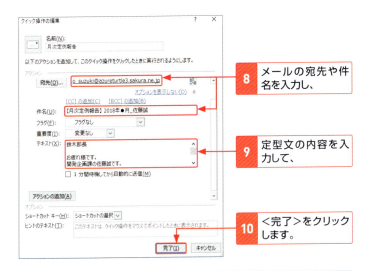

2 定型文を呼び出す

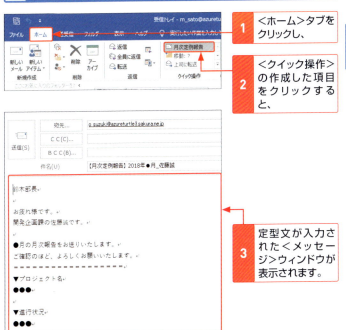

Section 32　第4章 メールの便利技

メールの誤送信を防ぐ

初期設定では、送信操作を行うとすぐにメールが送信されます。**送信するタイミングを遅らせておく**ことで、宛先などが間違ったことに気がついても、キャンセルすることができます。

1 送信時にメールをいったん＜送信トレイ＞に保存する

1 ＜ファイル＞タブの＜オプション＞をクリックして、＜Outlookのオプション＞ダイアログボックスを表示します。

2 ＜詳細設定＞をクリックし、

Hint
メールはいつ送信される？

＜送信トレイ＞に保存されたメールは、Sec.34で解説する自動で送受信されるタイミングで送信されます。または、＜すべてのフォルダーを送受信＞をクリックすることでも直ちに送信することができます（Sec.09参照）。

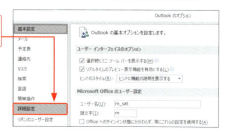

3 下方向にスクロールして、

4 ＜接続したら直ちに送信する＞をクリックしてオフにし、

5 ＜OK＞をクリックします。

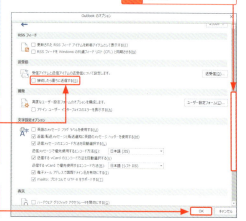

2 <送信トレイ>を確認する

Sec.08を参考にメールを作成します。

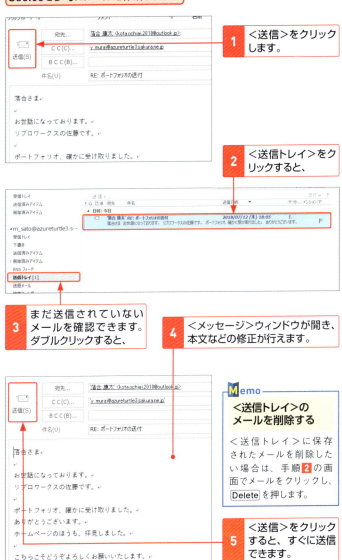

1 <送信>をクリックします。

2 <送信トレイ>をクリックすると、

3 まだ送信されていないメールを確認できます。ダブルクリックすると、

4 <メッセージ>ウィンドウが開き、本文などの修正が行えます。

Memo

**<送信トレイ>の
メールを削除する**

<送信トレイ>に保存されたメールを削除したい場合は、手順2の画面でメールをクリックし、Deleteを押します。

5 <送信>をクリックすると、すぐに送信できます。

Section 33 第4章 メールの便利技

メールに重要度を設定する

Outlookでは、メールに「重要度」を設定することができます。重要なメールに重要度を設定しておけば、メールを受け取った相手も重要なメールと気がつくので、見落としなどの防止に役立ちます。

1 送信メールに重要度を設定する

1. <新しいメール>をクリックし、<メッセージ>ウィンドウを開きます。

2. ！をクリックして、

3. <送信>をクリックしてメールを送信します。

4. 送信したメールには重要度が設定されています。

2 受信したメールに重要度を設定する

1 重要度を設定したいメールをダブルクリックして開きます。

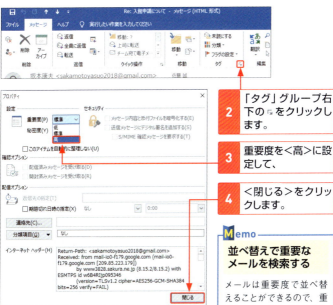

2 「タグ」グループ右下の⌐をクリックします。

3 重要度を<高>に設定して、

4 <閉じる>をクリックします。

Memo
並べ替えで重要なメールを検索する

メールは重要度で並べ替えることができるので、重要なメールもすばやく検索できます。並べ替えの方法については、Sec.21を参照してください。

5 続いて<メッセージ>ウィンドウを閉じると、確認のダイアログボックスが表示されるので<はい>をクリックします。

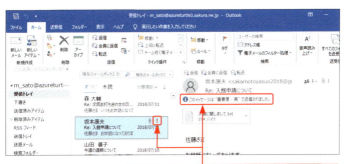

6 重要度が設定されたことが確認できます。

Section 34　第4章 メールの便利技

メールを受信する間隔を短くする

メールは、10分おき、30分おきなど、**一定の時間ごと**に**自動で送受信**することができます。初期設定では、30分おきに自動で送受信するよう設定されています。

1 メールを定期的に送受信する

10分おきに自動で送受信されるように設定します。

1 <ファイル>タブの<オプション>をクリックして、<Outlookのオプション>ダイアログボックスを表示します。

2 <詳細設定>をクリックし、

Memo

自動送受信の条件

Outlook 2019では、定期的にメールを自動で送受信することができます。このとき、Outlook 2019が起動していて、なおかつパソコンがインターネットに接続されている必要があります。

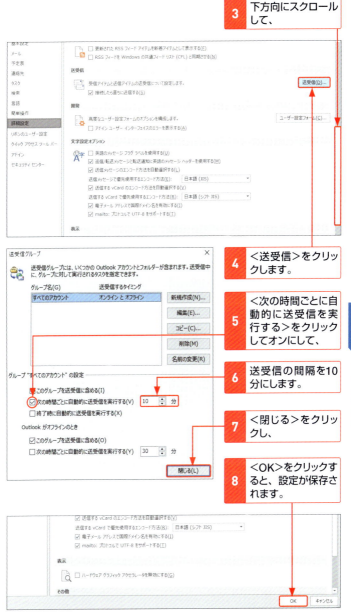

Section 35 第4章 メールの便利技

メールをサーバーに残す期間を変更する

自分宛のメールは、サーバー上のメールボックスに保管されます。しかし、保存容量には上限があり、次第に容量を圧迫してしまいます。一定期間後に自動的に削除するようにしましょう。

1 サーバーにメールを残す期間を変更する

1 <ファイル>タブをクリックしてBackstageビューを表示します。

2 ここをクリックし、

3 <アカウント設定>をクリックします。

Memo

メールサーバーの仕様も確認

利用しているメールのサービスによっては、Outlook 2019の設定内容に関係なく一定期間を過ぎたメールが削除されたり、そもそも設定ができないこともあります。詳しくは、お使いのインターネットプロバイダーサービスに確認してください。

4 設定したいメールアカウントをクリックし、

5 <変更>をクリックします。

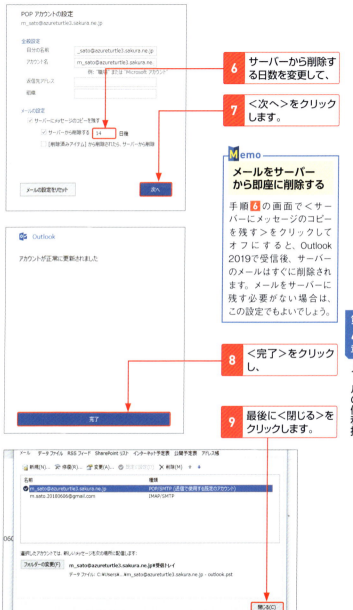

POP アカウントの設定
m_sato@azureturtle3.sakura.ne.jp

全般設定
- 自分の名前: _sato@azureturtle3.sakura.ne.jp
- アカウント名: m_sato@azureturtle3.sakura.ne.
  例: "職場" または "Microsoft アカウント"
- 返信先アドレス
- 組織

メールの設定
- ☑ サーバーにメッセージのコピーを残す
  - ☑ サーバーから削除する 14 日後
  - ☐ [削除済みアイテム] から削除されたら、サーバーから削除

[メールの設定をリセット] [次へ]

6 サーバーから削除する日数を変更して、

7 <次へ>をクリックします。

Memo
メールをサーバーから即座に削除する

手順 6 の画面で<サーバーにメッセージのコピーを残す>をクリックしてオフにすると、Outlook 2019で受信後、サーバーのメールはすぐに削除されます。メールをサーバーに残す必要がない場合は、この設定でもよいでしょう。

Outlook
アカウントが正常に更新されました

[完了]

8 <完了>をクリックし、

9 最後に<閉じる>をクリックします。

メール データファイル RSS フィード SharePoint リスト インターネット予定表 公開予定表 アドレス帳

新規(N)... 修復(R)... 変更(A)... 既定に設定(D) × 削除(M)

名前	種類
✓ m_sato@azureturtle3.sakura.ne.jp	POP/SMTP (送信で使用する既定のアカウント)
m.sato.20180606@gmail.com	IMAP/SMTP

選択したアカウントでは、新しいメッセージを次の場所に配信します:

[フォルダーの変更(F)] m_sato@azureturtle3.sakura.ne.jp¥受信トレイ
データファイル: C:¥Users¥...¥m_sato@azureturtle3.sakura.ne.jp - outlook.pst

[閉じる(C)]

第4章 メールの便利技

101

Section 36

第4章 メールの便利技

受信したメールを自動転送する

Outlook 2019では、<仕分けルールの作成>から特定のメールを携帯電話のメールアドレス宛てに自動転送できます。外出先などでメールを確認したいときに役立つでしょう。

1 仕分けルールを使って自動転送する

件名に「至急」と含まれるメールを自動的に携帯電話のメールアドレス宛てに転送するように設定します。

1 <ホーム>タブの<ルール>をクリックして、

2 <仕分けルールの作成>をクリックします。

3 <件名が次の文字を含む場合>をクリックしてオンにして、

4 「至急」と入力し、

Memo

自動転送する際の注意

受信したメールを自動転送するには、パソコンおよびOutlook 2019が起動していて、さらに自動送受信が設定されている必要があります（Sec.34参照）。

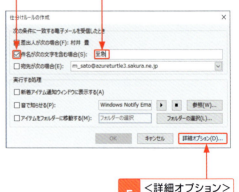

5 <詳細オプション>をクリックします。

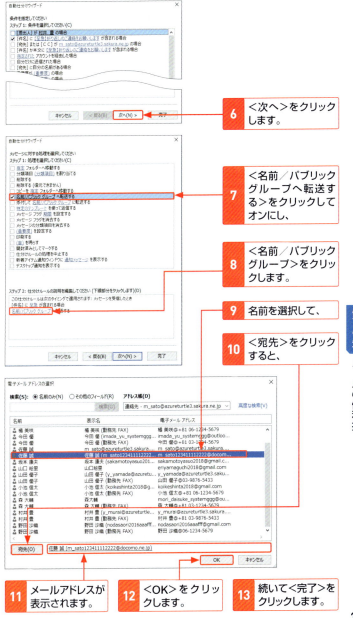

Section 37 第4章 メールの便利技

締め切りのあるメールにアラートを付ける

「明日までにこのメールに返信する」というように、メールの期限管理を行いたい場合は、フラグを設定しておくと忘れずに処理することができます。フラグのアイコンは旗の形で表示されます。

1 フラグを設定する

<受信トレイ>を表示しています。

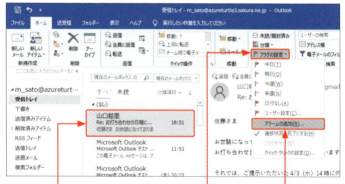

1. メールをクリックし、
2. <ホーム>タブの<フラグの設定>をクリックし、
3. <アラームの追加>をクリックします。

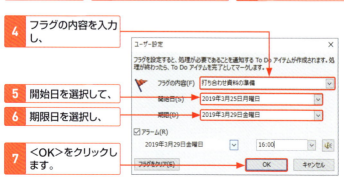

4. フラグの内容を入力し、
5. 開始日を選択して、
6. 期限日を選択し、
7. <OK>をクリックします。

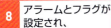

2 処理を完了する

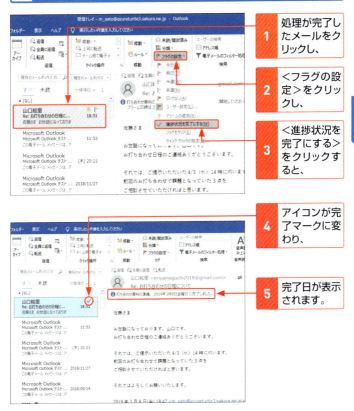

105

Section 38 第4章 メールの便利技

作成するメールを常にテキスト形式にする

最近はHTML形式に対応したメールサービスが主流となっていますが、相手の環境によっては受信してもらえない可能性があるため、ビジネスではテキスト形式が好まれることもあります。

1 作成するメールをテキスト形式にする

1. <ファイル>タブの<オプション>をクリックして、<Outlookのオプション>ダイアログボックスを表示します。

2. <メール>をクリックします。

Memo

Outlookのメール形式

Outlook 2019で送信可能なメール形式には、以下の3つがあります。

HTML形式

ウェブサイトを作成する際に用いる、「HTML言語」を利用した形式です。文字の大きさや色を変えたり、図や写真をレイアウトすることができますが、迷惑メールと判断されたり、文字化けしたりなど、相手に正しく受信してもらえない可能性があります。メールマガジンやダイレクトメールなどが、この形式で送られてくることがよくあります。

リッチテキスト形式

HTML形式と同様、文字の装飾が行える形式です。こちらも相手に正しく受信されないことがあるため、あまり使用されていません。

テキスト形式

テキスト(文字)のみで構成された形式です。Outlook 2019の初期設定では、HTML形式のメールを作成するようになっていますので、テキスト形式でメールを送りたい場合は形式を変更する必要があります。

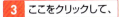

3 ここをクリックして、

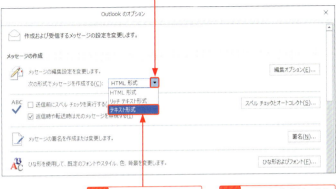

4 <テキスト形式>をクリックし、

5 <OK>をクリックします。

6 新しいメールを作成し、

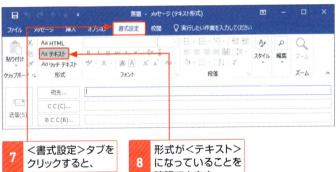

7 <書式設定>タブをクリックすると、

8 形式が<テキスト>になっていることを確認できます。

第4章 メールの便利技

Hint

メール作成時にメッセージ形式を変更する

メール作成時の<メッセージ>ウィンドウで、メッセージの形式を変更することができます。<書式設定>タブをクリックし、変更したい形式をクリックします。

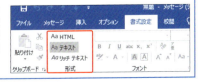

Section 39　第4章 メールの便利技

削除済み／重複メールをまとめて削除する

受信トレイからメールを削除しても、メールは＜削除済みアイテム＞フォルダーに残っています。余計なメールが保存されているとOutlookの動作が重くなるため、不要になったら完全に削除しましょう。

1 削除済みメールをまとめて削除する

1 ＜ファイル＞タブをクリックし、Backstageビューを表示します。

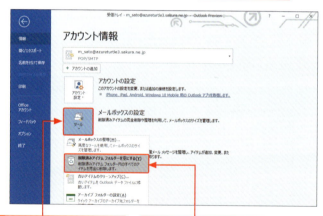

2 ＜ツール＞をクリックして、

3 ＜削除済みアイテムフォルダーを空にする＞をクリックします。

Hint
フォルダーウィンドウからも削除できる

右の手順のほかに、フォルダーウィンドウの＜削除済みアイテム＞を右クリックし、＜フォルダーを空にする＞をクリックして削除済みメールをまとめて削除することもできます。

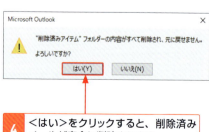

4 ＜はい＞をクリックすると、削除済みメールが完全に削除されます。

2 重複メールをまとめて削除する

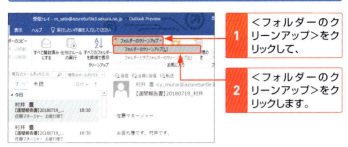

1. <フォルダーのクリーンアップ>をクリックして、
2. <フォルダーのクリーンアップ>をクリックします。

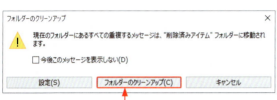

3. <フォルダーのクリーンアップ>をクリックすると、
4. 重複したメールがまとめて削除されます。

Keyword

重複メールとは?

一般的に、メールは全文引用されることが多いため、同じ内容のメールが重複します。これを重複メールといい、左の手順を行うことによりメールサイズを小さくすることができます。

Section 40　第4章 メールの便利技

メール受信時の通知方法を変更する

メールを受信すると、メールの送信元や件名などを表示した<デスクトップ通知>が表示されます。<デスクトップ通知>はクリックして閉じたり、非表示にしたりすることができます。

1 デスクトップ通知を閉じる

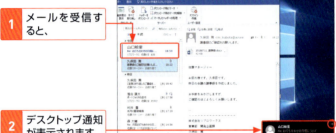

1 メールを受信すると、

2 デスクトップ通知が表示されます。

3 ■をクリックすると、デスクトップ通知が閉じます。

Memo　デスクトップ通知

メールを受信すると、デスクトップ通知が表示されます。ここでは、ウィンドウの ■ をクリックして消しましたが、何もしなくても数秒経てばデスクトップから消えます。

Hint　デスクトップ通知を非表示にする

<デスクトップ通知>が表示されないようにするには、<Outlookのオプション>ダイアログボックスを表示し、<メール>をクリックして<デスクトップ通知を表示する>をオフにします。

第**5**章

連絡先の管理

41	連絡先画面の見方
42	連絡先を登録する
43	受信したメールの差出人を連絡先に登録する
44	登録した連絡先を閲覧する
45	連絡先を編集する
46	連絡先の相手にメールを送信する
47	複数の宛先を1つのグループにまとめて送信する
48	登録した連絡先を削除／整理する
49	連絡先の情報をメールで送信する

Section 41　第5章 連絡先の管理

連絡先画面の見方

連絡先では、相手の名前や勤務先、メールアドレス、電話番号などを登録することができます。また、登録したメールアドレスを宛先にして、メールを作成することも可能です。

1 <連絡先>の基本的な画面構成

<連絡先>の一般的な作業は、以下の画面で行います。

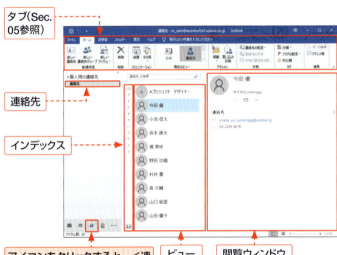

タブ(Sec.05参照)

連絡先

インデックス

アイコンをクリックすると、<連絡先>の画面になります。

ビュー

閲覧ウィンドウ

名称	機能
連絡先	登録した連絡先のフォルダーです。フォルダーを新規作成して追加することもできます（Sec.48参照）。
ビュー	登録した連絡先を表示します。全部で8種類の表示方法があります（Sec.44参照）。
インデックス	クリックすると、その文字から始まる姓の連絡先が表示されます。
閲覧ウィンドウ	登録した連絡先の主な情報が表示されます。

2 ＜連絡先＞ウィンドウの画面構成

＜連絡先＞ウィンドウでは、名前や勤務先、複数のメールアドレスや電話番号、顔写真などを登録し、確認することができます。

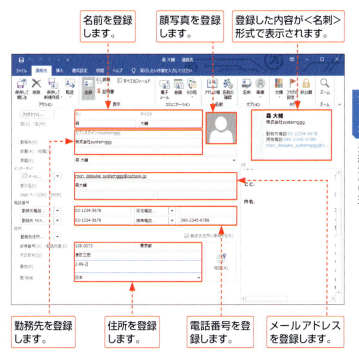

項目	機能
名前	姓と名を入力します。フリガナは自動で登録され、あとから編集することも可能です。
顔写真	本人を撮影した画像ファイルを登録できます。
勤務先の情報	勤務先名、部署名、役職名を入力できます。個人の場合は、登録しなくても構いません。
メールアドレス	メールアドレスを最大3件まで登録できます。
電話番号	自宅や勤務先、携帯電話やFAXなど、最大4件までの電話番号を登録できます。
住所	自宅や勤務先など、最大3件までの住所を登録できます。

113

Section 42　第5章 連絡先の管理

連絡先を登録する

連絡先には、相手の名前や住所、電話番号、メールアドレスなどの情報を登録できます。勤務先の情報も登録できるので、ビジネス用途でOutlook 2019を利用する場合にも便利です。

1 新しい連絡先を登録する

1 <ホーム>タブをクリックして、

2 <新しい連絡先>をクリックします。

3 <姓>と<名>を入力します。

<フリガナ>と<表題>が自動的に登録されます。

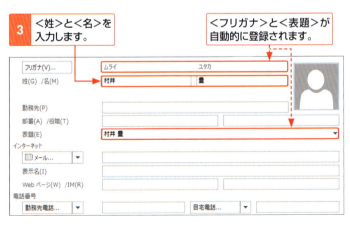

4 <勤務先>を入力し、

5 <部署>を入力して、　　**6** <役職>を入力します。

第5章 連絡先の管理

7 <メール>にメールアドレスを入力し、

8 <表示名>をクリックすると自動的に入力されます。

9 電話番号を入力して、

Memo

フリガナの修正

姓名と勤務先のフリガナは自動的に登録されますが、正しくない場合は<フリガナ>をクリックすれば修正できます。

115

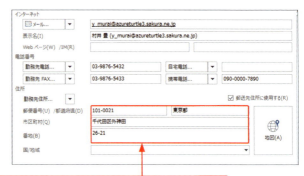

10 <郵便番号>と<都道府県><市区町村><番地>を入力し、

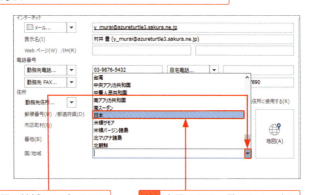

11 <国/地域>のボックスの右端をクリックして、

12 表示される一覧から<日本>を選択します。

13 入力した内容が表示されているので確認し、

14 <保存して閉じる>をクリックすると、

15 登録した連絡先が<ビュー>に表示されます。

第5章 連絡先の管理

StepUp

同じ勤務先を登録する

登録したい人が、すでに登録している勤務先と同じ場合は、その勤務先情報が入力された状態で新規登録することが可能です。

1 同じ勤務先が入力されたアイテムをクリックします。

2 <新しいアイテム>をクリックし、

3 <同じ勤務先の連絡先>をクリックします。

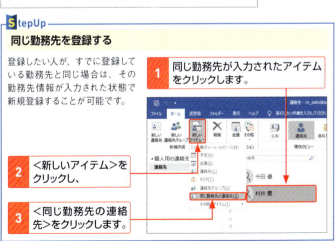

117

Section 43 第5章 連絡先の管理

受信したメールの差出人を連絡先に登録する

メールを受信したら、差出人を連絡先に登録しておきましょう。
<メール>の画面を表示した後、受信メールをドラッグするだけで、
差出人の名前とメールアドレスをすばやく登録できます。

1 メールの差出人を連絡先に登録する

<メール>の画面を表示します。

1 登録したい差出人のメールをクリックします。

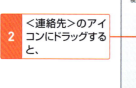

2 <連絡先>のアイコンにドラッグすると、

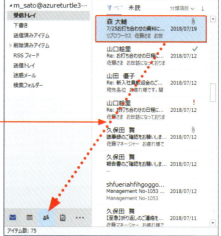

118

3 <連絡先>ウィンドウが表示されます。

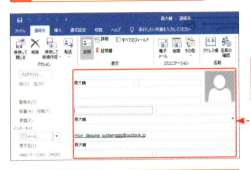

差出人の名前とメールアドレスが登録されています。

4 必要に応じて情報を修正し、

5 <保存して閉じる>をクリックします。

Memo

姓名が分離していない場合

受信したメールによっては、手順 **3** の画面のように姓と名が一緒になって登録されていることがあります。確認のうえ、きちんと修正しておきましょう。また、フリガナは登録されないので、自分で入力する必要があります。

第5章 連絡先の管理

6 <連絡先>の画面を表示すると、

7 連絡先が登録されていることを確認できます。

119

Section 44

第5章 連絡先の管理

登録した連絡先を閲覧する

初期設定では、**連絡先のビューは＜連絡先＞形式**で表示されます。このほか、＜名刺＞や＜連絡先カード＞などの項目ごとに並べ替えることもできるので、見やすい形式を選びましょう。

1 ＜名刺＞形式で表示する

1. ＜ホーム＞タブをクリックし、

初期状態では＜連絡先＞形式で表示されています。

2. ＜名刺＞をクリックすると、

3. ＜名刺＞形式で表示されます。

2 <一覧>形式で表示する

1 <ホーム>タブをクリックし、

2 ここをクリックして、

3 <一覧>をクリックすると、

4 <一覧>形式で表示されます。

初期状態では、勤務先ごとの名前順で並んでいます。

第5章 連絡先の管理

Memo

<一覧>形式の並び順

<一覧>形式では、勤務先のグループごとに連絡先が表示されています。グループ内では名前順に表示されていますが、フリガナ順にはなっておらず、漢字コード順となっています。

Memo

そのほかの表示形式

<一覧>形式と似た表示形式で、<電話>形式、<分類項目別>形式、<地域別>形式があります。全体をフリガナ順に見たい場合は<電話>形式に、分類項目ごとに見たい場合は<分類項目別>形式に、国/地域ごとに見たい場合は<地域別>形式にすると便利です。

Section 45 第5章 連絡先の管理

連絡先を編集する

<ビュー>に表示された連絡先をダブルクリックすると、<連絡先>ウィンドウが表示され、情報を書き換えることができます。相手の状況などに応じて、最新の情報に書き換えるなどの変更をするとよいでしょう。

1 連絡先を編集する

登録した連絡先の情報を一部修正します。

1. 編集したい連絡先をダブルクリックします。

2. 情報を書き換えて、

3. <保存して閉じる>をクリックし、

Memo

<連絡先>ビュー以外の編集画面

ビューを<連絡先>以外にしている場合も、連絡先をダブルクリックすると<連絡先>ウィンドウが表示され、編集することができます。

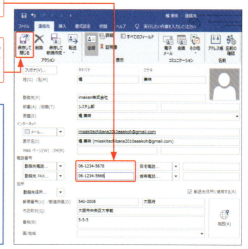

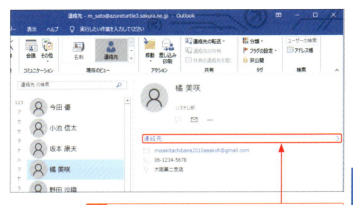

4 <連絡先>もしくは<詳細を表示>をクリックすると、

5 編集した連絡先が詳細に表示されます。

Hint

閲覧ウィンドウから編集する

閲覧ウィンドウの「…」をクリックし、<Outlookの連絡先の編集>をクリックすることでも、連絡先の編集が可能です。

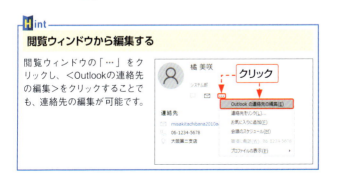

第5章 連絡先の管理

Section 46 第5章 連絡先の管理

連絡先の相手にメールを送信する

連絡先に登録した相手にメールを送信するには、<連絡先>の画面からメールを作成するか、<メッセージ>ウィンドウから宛先を選択してメールを作成します。

1 連絡先から相手を選択する

<連絡先>の画面を表示しています。

1. 送信したい相手の連絡先をクリックし、
2. <メール>のアイコンにドラッグすると、

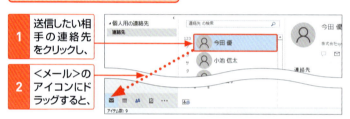

<メッセージ>ウィンドウが表示され、<宛先>が自動的に入力されています。

3. <件名>、<本文>を入力し、

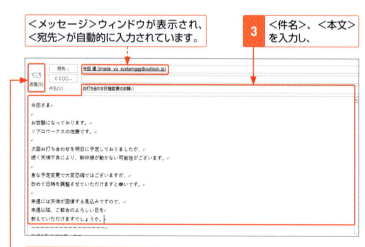

4. <送信>をクリックしてメールを送信します。

2 メール作成時に相手を選択する

<メール>の画面を表示しています。

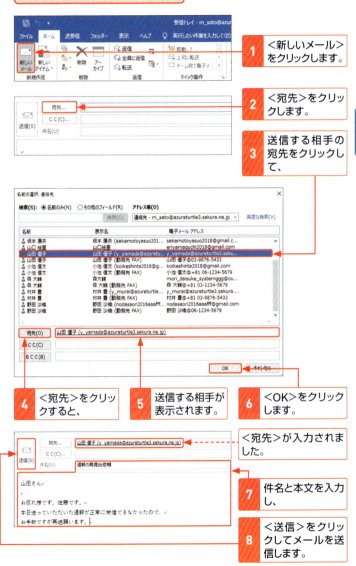

Section 47　第5章 連絡先の管理

複数の宛先を1つのグループにまとめて送信する

複数の相手を1つのグループにまとめ、一斉にメールを送ることができます。同じ部署あるいは同じサークルなどに対して、まとめてメールを送信したいときに便利です。

1 連絡先グループを作成する

<連絡先>の画面を表示しています。

1. <ホーム>タブの<新しい連絡先グループ>をクリックします。

2. グループの名前を入力し、

3. <メンバーの追加>をクリックして、

4. <Outlookの連絡先から>をクリックします。

5. グループのメンバーを Ctrl を押しながらクリックし、

6. <メンバー>をクリックすると、

7. 選択したメンバーが表示されます。

8. <OK>をクリックします。

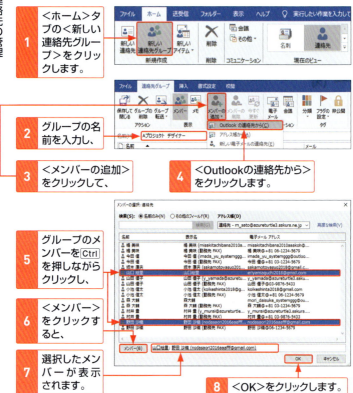

126

2 連絡先グループを宛先にしてメールを送信する

メールを新規作成して、<メッセージ>ウィンドウを表示しています。

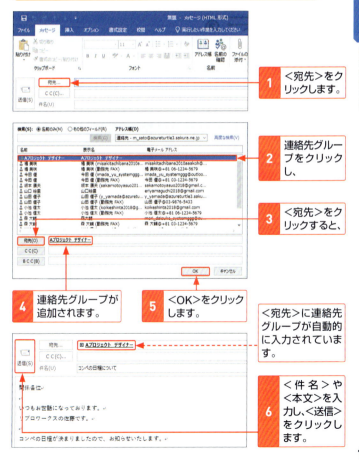

Section 48 第5章 連絡先の管理

登録した連絡先を削除／整理する

連絡先の登録数が増えると、検索して探し出すのがたいへんになります。定期的に不要な連絡先を削除したり、連絡先をフォルダーにまとめたりしましょう。

1 連絡先を削除する

1. 連絡先をクリックし、
2. <ホーム>タブをクリックして、
3. <削除>をクリックすると、
4. 連絡先が削除されます。

Hint 削除した連絡先

削除した連絡先は、<削除済みアイテム>に移動します。メールと同様、元に戻したり、完全に削除したりすることができます。

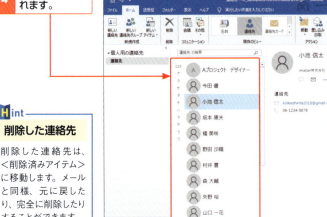

2 連絡先をフォルダーで管理する

新しくフォルダーを作成し、連絡先を移動します。

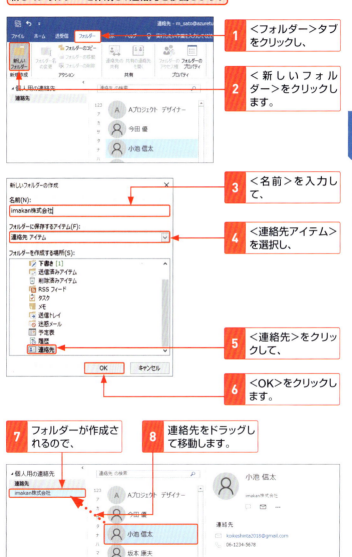

第5章 連絡先の管理

Section 49 第5章 連絡先の管理

連絡先の情報を メールで送信する

連絡先の情報は、ファイル化してメールに添付することができます。形式はOutlook形式とvCard形式から選べます。個人情報を扱うため、送り間違いなどには十分注意しましょう。

1 Outlook形式で連絡先を送信する

1 連絡先をクリックします。

2 <ホーム>タブをクリックし、

3 <連絡先の転送>をクリックして、

4 <Outlookの連絡先として送信>をクリックします。

5 宛先と件名、本文を入力し、<送信>をクリックします。

Memo
vCard形式で送信する

vCard形式で送信するには、手順**4**で<名刺として送信>を選択します。

連絡先のファイルが添付されています。

第6章

スケジュールの管理

50	予定表画面の見方
51	新しい予定を登録する
52	登録した予定を確認する
53	終了していない予定を確認する
54	予定の時刻にアラームを鳴らす
55	予定を変更／削除する
56	予定表に祝日を設定する
57	定期的な予定を登録する
58	終日の予定を登録する
59	予定表を印刷する
60	勤務日と勤務時間を設定する

Section 50　第6章 スケジュールの管理

予定表画面の見方

＜予定表＞には、開始時刻と終了時刻、件名、場所のほか、詳細なメモも登録可能です。また、予定表は1日単位、1週間単位、1カ月単位など、さまざまな形式で表示できます。

1 ＜予定表＞の基本的な画面構成

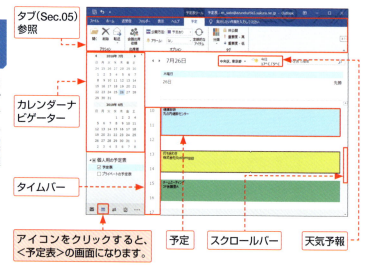

- タブ(Sec.05)参照
- カレンダーナビゲーター
- タイムバー
- アイコンをクリックすると、＜予定表＞の画面になります。
- 予定
- スクロールバー
- 天気予報

名称	機能
カレンダーナビゲーター	1カ月分のカレンダーが表示されます。日付をクリックすると、その日の予定をすばやく確認できます。
天気予報	設定した地域の天気予報を表示します。
タイムバー	時刻を表示します。
スクロールバー	スクロールすると、＜日＞＜稼働日＞＜週＞では前後の時間帯、＜月＞では前後の月を表示できます。
予定	登録した予定が表示されます。ダブルクリックすると、＜予定＞ウィンドウが開きます。

2 <予定>ウィンドウの画面構成

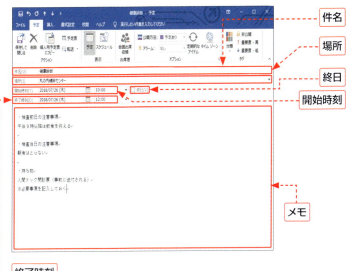

名称	機能
件名	予定の名前を表示します。
場所	予定が行われる場所を表示します。
開始時刻	予定の開始日と時刻を表示します。
終了時刻	予定の終了日と時刻を表示します。
終日	終日(一日中)の予定があるときは、ここをオンにして登録します。
メモ	予定の内容の詳細を登録します。

3 さまざまな表示形式

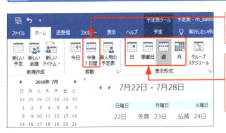

今日の日付から7日間の予定が表示されます。

各ボタンをクリックして、1日単位、稼働日、1週間単位、1カ月単位の表示形式に切り替えられます。

Section 51 第6章 スケジュールの管理

新しい予定を登録する

新しい予定を登録するためにはまず、<予定>ウィンドウを表示します。件名、場所、開始時刻、終了時刻を登録すれば、予定表に予定が表示されます。

1 新しい予定を登録する

新しい予定として、8月1日の13時30分から行われる「マネージャー会議」を登録します。

1 予定を登録する日付をクリックして、

2 <ホーム>タブから<新しい予定>をクリックします。

3 件名と場所を入力し、

4 ボックスの右端をクリックして、

5 開始時刻を選択します。

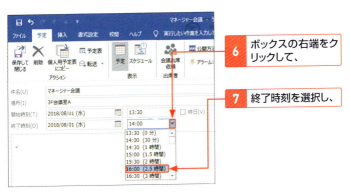

6 ボックスの右端をクリックして、

7 終了時刻を選択し、

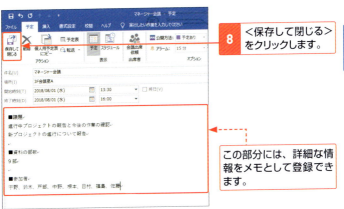

8 <保存して閉じる>をクリックします。

この部分には、詳細な情報をメモとして登録できます。

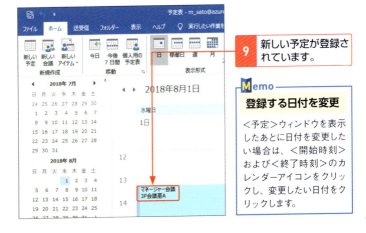

9 新しい予定が登録されています。

Memo

登録する日付を変更

<予定>ウィンドウを表示したあとに日付を変更したい場合は、<開始時刻>および<終了時刻>のカレンダーアイコンをクリックし、変更したい日付をクリックします。

Section 52 第6章 スケジュールの管理

登録した予定を確認する

予定表の表示形式は、1日の予定を詳しく表示する**1日単位**、1週間分の予定を通しで表示する**1週間単位**、1カ月の予定をおおまかに表示する**1カ月単位**などがあります。

1 予定表の表示形式を切り替える

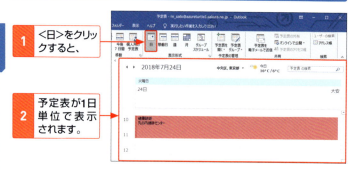

1. <日>をクリックすると、
2. 予定表が1日単位で表示されます。

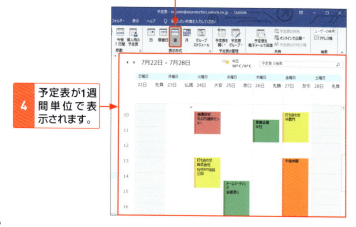

3. <週>をクリックすると、
4. 予定表が1週間単位で表示されます。

2 予定をポップアップで表示する

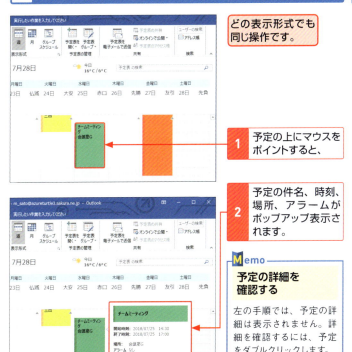

Section 53　第6章 スケジュールの管理

終了していない予定を確認する

登録した予定の数が増えていくと、今後どのような予定があるのか把握しづらくなります。そのような場合は＜ビュー＞を変更して、**終了していない予定**を一覧表示すると便利です。

1 終了していない予定を一覧で表示する

1. ＜表示＞タブをクリックし、
2. ＜ビューの変更＞をクリックして、
3. ＜アクティブ＞をクリックすると、

4. 終了していない予定が、終了日の日付順で一覧表示されます。

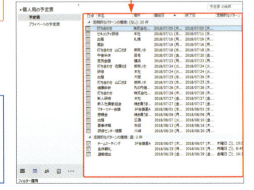

Hint
表示を元に戻す

元の予定表の表示に戻すには、手順3の画面で＜予定表＞を選択します。

2 終了していない予定を場所ごとに並べ替える

初期状態では、予定開始日の日付順で表示されています。

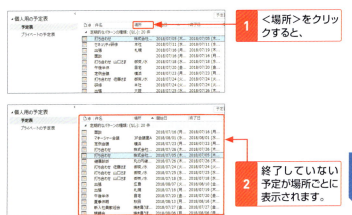

1 <場所>をクリックすると、

2 終了していない予定が場所ごとに表示されます。

3 直近の7日間の予定を表示する

前ページのヒントの方法で、<予定表>の表示に戻します。

1 <今後7日間>をクリックすると、

2 直近の7日間の予定が表示されます。

Memo

<今後7日間>と1週間単位表示の違い

<今後7日間>による表示では、今日の日付から7日分の予定が表示されます。これは、直近の終了していない予定を確認したい場合に役立ちます。それに対し1週間単位表示では、週の開始曜日から今週の7日間が表示されるため、曜日によっては終了した予定も表示されてしまいます。

Section 54　第6章　スケジュールの管理

予定の時刻にアラームを鳴らす

Outlook 2019には、登録した予定の時刻が迫ると、アラーム音やダイアログボックスで知らせてくれる機能があります。重要な予定には、あらかじめアラームを設定しておきましょう。

1 アラームを設定する

予定の1時間前にアラームを鳴らす設定を行います。

1. <ホーム>タブをクリックし、
2. <新しい予定>をクリックします。

3. 予定を入力し、
4. <アラーム>のボックスの右端をクリックして、
5. アラームを鳴らす時間を設定し、
6. <保存して閉じる>をクリックします。

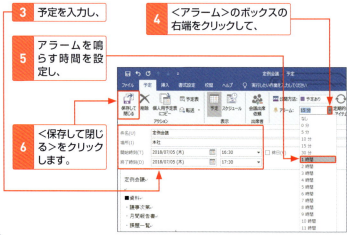

140

2 アラームを確認する

1 指定した時刻になると、<アラーム>ダイアログボックスが表示され、アラーム音が鳴ります。

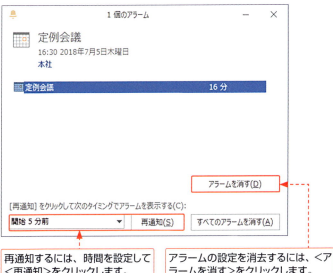

再通知するには、時間を設定して<再通知>をクリックします。

アラームの設定を消去するには、<アラームを消す>をクリックします。

Memo

アラームの初期設定を変更する

初期設定では、開始時刻の15分前にアラームが鳴るように設定されています。これを変更するには、<ファイル>タブの<オプション>をクリックし、<Outlookのオプション>ダイアログボックスを表示します。<予定表>の項目で、<アラームの既定値>から時間を選択します。また、チェックボックスをオフにすることで、新規予定登録時にアラームを設定しないようにすることもできます。

ここをオフにすると、アラームを設定しないようにできます。

ボックスの右端をクリックすると、アラーム時間の既定値を設定できます。

第6章 スケジュールの管理

141

Section 55　第6章 スケジュールの管理

予定を変更／削除する

登録した予定に**変更**が生じた場合、日時や場所を修正することができます。また、予定がキャンセルになった場合は、登録した予定そのものを**削除**することが可能です。

1 予定を変更する

予定の日付と時刻を変更します。

1 変更したい予定をクリックし、

2 <開く>をクリックします。

Memo 予定をダブルクリック

予定をダブルクリックすることでも、<予定>ウィンドウを表示することができます。

3 予定内容を変更し、　**4** <保存して閉じる>をクリックします。

2 予定を削除する

1 予定をクリックし、 **2** <削除>をクリックすると、

Hint

右クリックメニューから予定を削除する

予定を右クリックすると、操作メニューが表示されます。その中にある<削除>をクリックすると、予定を削除できます。

3 予定が削除されます。

第6章 スケジュールの管理

StepUp

マウス操作による変更

予定のアイテムをドラッグしたり、範囲を変更したりすることで、日付や時刻を変更することもできます。

上下の枠をドラッグして範囲を調整すると、時間を変更することができます。

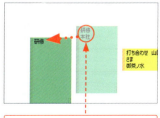

アイテム全体をドラッグして、日付や時間を変更することができます。

143

Section 56　第6章 スケジュールの管理

予定表に祝日を設定する

Outlook 2019の初期設定では、＜予定表＞に祝日が表示されていません。＜予定表＞をカレンダー代わりに利用したい場合は、祝日を表示するように設定しておくと便利です。

1 予定表に祝日を設定する

1 ＜ファイル＞タブの＜オプション＞をクリックし、＜Outlookのオプション＞ダイアログボックスを表示します。

2 ＜予定表＞をクリックし、

3 ＜祝日の追加＞をクリックします。

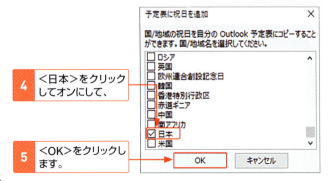

4 ＜日本＞をクリックしてオンにして、

5 ＜OK＞をクリックします。

6 <OK>をクリックし、

Hint
祝日を変更したい場合

祝日の名称や日付が変わってしまった場合、<予定表>から変更／削除することができます。祝日は予定として登録されているので、ダブルクリックすることで<予定>ウィンドウが開き、変更／削除が行えます。詳しくは、Sec.55を参照してください。

7 <OK>をクリックすると、

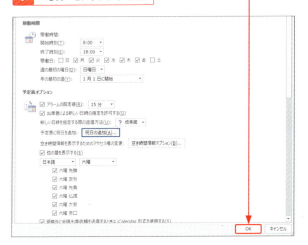

8 祝日が設定されていることが確認できます。

Memo
六曜を非表示にする

Outlook 2019では、初期設定で六曜が表示されます。これを非表示にするには、手順**3**で<他の暦を表示する>をクリックしてオフにします。

Section 57 第6章 スケジュールの管理

定期的な予定を登録する

「毎週月曜日、朝9時から30分間は朝礼」というように、同じ**パターン**で予定がある場合は、**定期的な予定**として設定しておきましょう。予定表を毎回入力する手間が省けます。

1 定期的な予定を登録する

「毎週月曜日の朝9時から9時30分まで、朝礼を実施する」という予定を登録します。

1 <ホーム>タブをクリックし、

Memo
定期的な予定

定例会議のように、周期が決まっている予定は、周期を指定して登録することができます。登録したあとに、例外の予定を変更したり、周期を解除したりすることも可能です。

2 <新しい予定>をクリックします。

3 定期的な予定内容を入力し、

4 <定期的なアイテム>をクリックします。

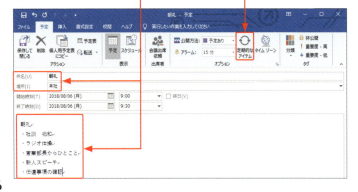

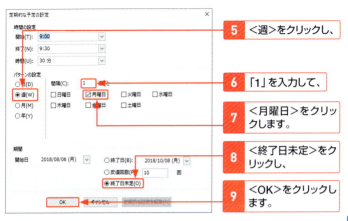

5 <週>をクリックし、

6 「1」を入力して、

7 <月曜日>をクリックします。

8 <終了日未定>をクリックし、

9 <OK>をクリックします。

10 <保存して閉じる>をクリックすると、

Hint

定期的な予定の間隔

手順 6 では、毎週の予定なので「1」を入力しました。隔週の場合は「2」を入力します。同様にして、手順 5 で<日><月><年>を選択することで、毎日、隔月、3年ごとといった設定も可能です。

11 毎週月曜日に、定期的な予定が登録されます。

Memo

定期的な予定のアイコン

定期的な予定を選択すると、1カ月単位表示以外の表示形式では、下図のようなアイコンが表示されます。

第6章 スケジュールの管理

147

Section 58

第6章 スケジュールの管理

終日の予定を登録する

朝から夜まで、丸一日かけて行われる予定は「終日」として登録できます。社員旅行や長期休暇のように、複数日に渡る日をすべて「終日」で登録することも可能です。

第6章 スケジュールの管理

1 終日の予定を登録する

「8月3日から8月7日に社員旅行で箱根に行く」という予定を登録します。

1 8月3日を選択して、

2 <ホーム>タブから<新しい予定>をクリックします。

3 件名と場所を入力し、

4 <終日>をクリックしてオンにします。

件名(U)	社員旅行
場所(I)	箱根
開始時刻(T)	2018/08/03 (金)	0:00	☑ 終日(V)
終了時刻(D)	2018/08/03 (金)	0:00

148

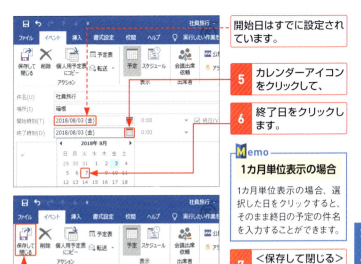

開始日はすでに設定されています。

5 カレンダーアイコンをクリックして、

6 終了日をクリックします。

Memo

1カ月単位表示の場合

1カ月単位表示の場合、選択した日をクリックすると、そのまま終日の予定の件名を入力することができます。

7 <保存して閉じる>をクリックすると、

8 終日の予定が登録されます。

Hint

複数の日を選択してから予定を作成

上の手順では開始日を選択してから終日の予定を作成していますが、あらかじめ開始日から終了日を範囲選択することで、複数日に渡る終日の予定が設定された状態で<予定>ウィンドウを開くことができます。

1 Shift を押しながら開始日と終了日をクリックし、

2 <新しい予定>をクリックします。

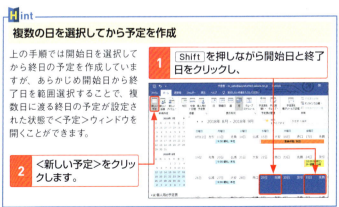

第6章 スケジュールの管理

149

Section 59 第6章 スケジュールの管理

予定表を印刷する

予定表は、1日単位や週単位、月単位などで印刷できます。予定表を印刷すれば、スケジュール帳代わりに利用できます。また、印刷だけでなく、PDFファイルとして保存することもできます。

1 予定表を印刷する

1. 印刷したい表示形式に設定し、
2. <ファイル>タブをクリックします。
3. <印刷>をクリックします。
4. 印刷に使用するプリンターを選択し、
5. <印刷>をクリックすると予定表が印刷されます。

下のヒント参照

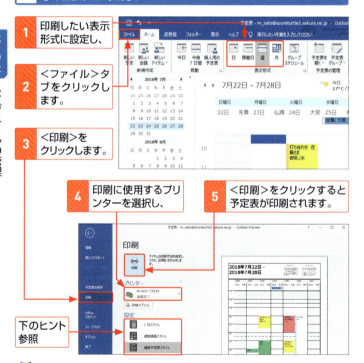

Hint

印刷のスタイルを設定する

<印刷>画面の<設定>では、「1日スタイル」や「3つ折りスタイル」、「予定表の詳細スタイル」などのスタイルに変更できます。

2 予定表をPDFとして保存する

1 予定表を表示して、<ファイル>タブ→<印刷>をクリックします。

2 プリンターで<Microsoft Print to PDF>を選択し、

3 <印刷>をクリックします。

4 PDFの保存場所を指定し、

5 ファイル名を入力して、

6 <保存>をクリックすると、予定表がPDFとして保存されます。

Hint
ショートカットキーによる印刷画面の表示

ショートカットキーによる印刷画面の表示も可能です。予定表を開き、Ctrlを押しながらPを押すと印刷画面が開きます。このショートカットキーはOutlook 2019だけでなく、Microsoft Edgeやメモ帳など、多くのアプリケーションで使えます。

Memo
PDFにするメリット

PDFは、端末の機種やOSを選ばず、ほとんどの環境で閲覧でき便利なファイル形式です。

Section 60 第6章 スケジュールの管理

勤務日と勤務時間を設定する

Outlook 2019では、就業日を「稼働日」、就業時間を「稼働時間」と呼んでいます。あらかじめ「稼働日」と「稼働時間」を設定しておけば、仕事がない日の予定が省略され、見た目がわかりやすくなります。

1 稼働日と稼働時間を設定する

月曜日から金曜日を稼働日に、8時から17時を稼働時間に設定します。

1 <ファイル>タブの<オプション>をクリックし、<Outlookのオプション>ダイアログボックスを表示します。

2 <予定表>をクリックし、

3 稼働日をクリックしてオンにします。

4 稼働時間を設定し、

Memo 稼働日の設定

稼働日は曜日単位で設定することができます。ここでは、一般的な月曜日から金曜日で設定していますが、「火曜日から土曜まで」といった設定や、「日曜日から火曜日までと、木曜日から土曜まで」といった設定も可能です。その際、週の最初に表示される曜日も変更できます。

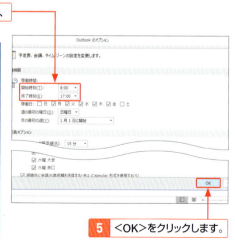

5 <OK>をクリックします。

第7章

タスクの管理

61	タスク画面の見方
62	新しいタスクを登録する
63	詳細なタスク情報を登録する
64	定期的にあるタスクを登録する
65	登録したタスクを確認する
66	タスクを完了させる
67	タスクの期限日にアラームを鳴らす
68	タスクを変更／削除する
69	タスクと予定表を連携する

Section 61　第7章 タスクの管理

タスク画面の見方

Outlook 2019では、これから取り組む仕事のことを<タスク>と呼びます。<タスク>は、「○日までに仕事を完了する」という期限日を設定して管理することができます。

1 <タスク>の画面構成

<To Doバーのタスクリスト>を選択しています。　　タブ（Sec.05参照）

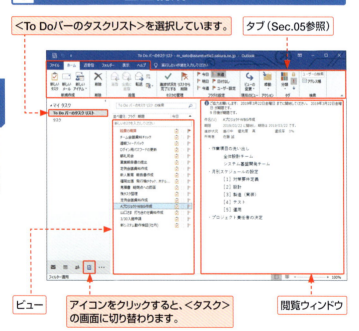

ビュー　　アイコンをクリックすると、<タスク>の画面に切り替わります。　　閲覧ウィンドウ

名称	機能
ビュー	登録したタスクを一覧表示します。
閲覧ウィンドウ	ビューで選択したタスクの内容を表示します。

154

2 タスクの一覧表示画面

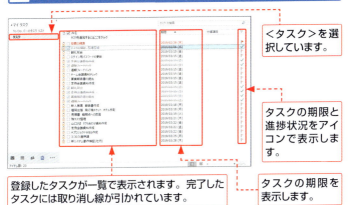

<タスク>を選択しています。

タスクの期限と進捗状況をアイコンで表示します。

タスクの期限を表示します。

登録したタスクが一覧で表示されます。完了したタスクには取り消し線が引かれています。

3 <タスク>ウィンドウの画面構成

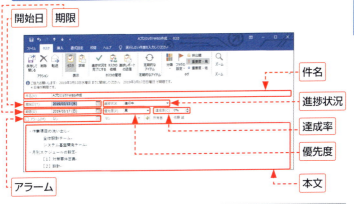

開始日 / 期限 / 件名 / 進捗状況 / 達成率 / 優先度 / アラーム / 本文

名称	機能
件名	タスクの件名を登録します。
開始日	タスクの開始日を登録します。
期限	タスクの期限日を登録します。
進捗状況	タスクの進捗状況(未開始/進行中/完了/待機中/延期)を登録します。
達成率	タスクの達成率をパーセント表示で登録します。
優先度	タスクの優先度(低/標準/高)を登録します。
アラーム	指定した時刻にアラームを鳴らします。
本文	タスクの詳細な内容を書き込みます。

第7章 タスクの管理

155

Section 62　第7章 タスクの管理

新しいタスクを登録する

新しくタスクを登録するには、＜タスク＞ウィンドウを表示して、必要な項目を入力します。ここでは、タスクの＜件名＞、＜開始日＞、＜期限＞などの情報を登録することができます。

1 新しいタスクを登録する

1 ＜ホーム＞タブをクリックし、
2 ＜新しいタスク＞をクリックします。

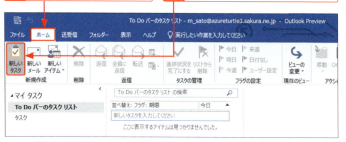

3 ＜件名＞を入力し、

Memo

タスクと予定表の違い

「タスク」と「予定表」は、どちらもスケジュール管理を行う機能です。予定表は今後の予定をカレンダーで管理し、タスクは開始日と期限を仕事単位で管理します。通常の予定は予定表に、仕事の締め切りのみをタスクに登録するなどの使い分けをするとよいでしょう。

4 アイコンをクリックして、
5 ＜開始日＞を選択します。

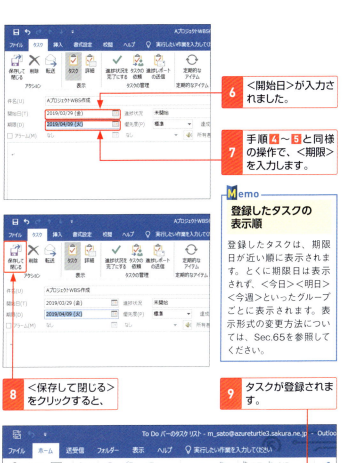

6 <開始日>が入力されました。

7 手順 4～5 と同様の操作で、<期限>を入力します。

Memo

登録したタスクの表示順

登録したタスクは、期限日が近い順に表示されます。とくに期限日は表示されず、<今日><明日><今週>といったグループごとに表示されます。表示形式の変更方法については、Sec.65を参照してください。

8 <保存して閉じる>をクリックすると、

9 タスクが登録されます。

第7章 タスクの管理

157

Section 63 第7章 タスクの管理

詳細なタスク情報を登録する

タスクには、<件名>や<日時>以外に、<進捗状況>や<優先度>なども登録することができます。また、タスクの詳しい内容を入力して保存しておくことも可能です。

1 タスクの詳細情報を登録する

Sec.62で登録したタスクに詳細な情報を追加します。

1 登録したタスクをダブルクリックします。

2 ここをクリックして、

3 進捗状況を選択します。

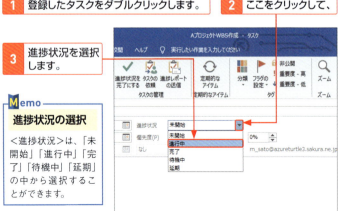

Memo
進捗状況の選択

<進捗状況>は、「未開始」「進行中」「完了」「待機中」「延期」の中から選択することができます。

158

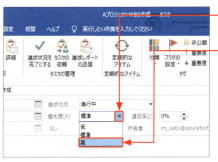

4 ここをクリックして、

5 優先度を選択し、

Memo

優先度の選択

＜優先度＞は、「低」「標準」「高」の中から選択することができます。何も設定しない場合は、「標準」に設定されています。

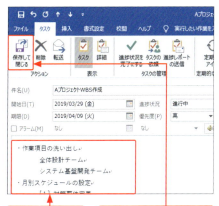

6 本文を入力して、

7 ＜保存して閉じる＞をクリックします。

Hint

タスクの達成率

左の手順で設定した項目のほかに、タスクの達成率を登録することもできます。0～100%で指定することができ、＜進捗状況＞とも連動しています。0%で＜進捗状況＞が「未開始」に、100%で＜進捗状況＞が「完了」に、それ以外では＜進捗状況＞が「進行中」になります。進捗状況をより詳しく把握したいときに使うとよいでしょう。

8 タスクをクリックすると、

9 タスクの詳細な内容が表示されます。

第7章 タスクの管理

159

Section 64　第7章 タスクの管理

定期的にあるタスクを登録する

「毎週金曜日に営業報告書を提出する」というように、一定の間隔で締め切りがあるタスクは、**定期的なタスク**として登録しておくと便利です。

1 定期的なタスクを登録する

「毎週金曜日に営業報告書を提出する」というタスクを設定します。

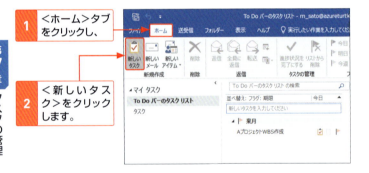

1. <ホーム>タブをクリックし、
2. <新しいタスク>をクリックします。

3. <件名>を入力し、

Memo 定期的なタスク
定期的なタスクでは、タスクが完了すると、次のタスクが自動的に作成されます。

4. <定期的なアイテム>をクリックします。

160

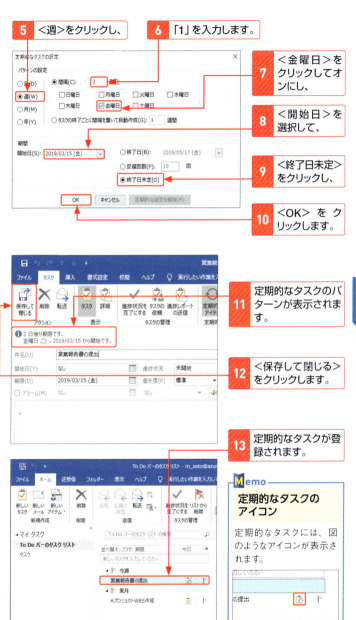

Section 65 第7章 タスクの管理

登録したタスクを確認する

タスクの<ビュー>は、期限が迫っている順や、今後7日間のみの表示など、目的に合わせて表示することができます。また、表示を**重要度順**や**開始日順**などに並べ替えることも可能です。

1 タスクのビューを変更する

1 <表示>タブをクリックし、

2 <ビューの変更>をクリックして、

初期設定では<To Doバーのタスクリスト>で表示されています。

3 <今後7日間のタスク>をクリックすると、

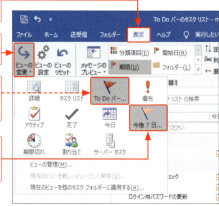

4 期限が7日以内のタスクが表示されます。

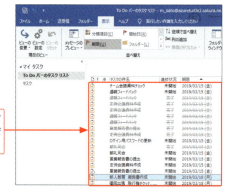

162

2 タスクの並べ替え方法を変更する

初期設定では期限日順に表示されています。

1 <表示>タブをクリックし、

2 ここをクリックし、並べ替え方法の一覧を表示します。

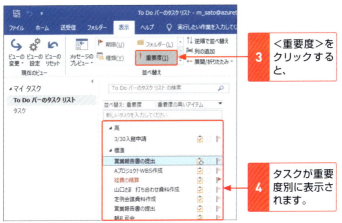

3 <重要度>をクリックすると、

4 タスクが重要度別に表示されます。

Memo　並べ替え方法変更

タスクの並べ替え方法は、<期限>と<重要度>以外に<分類項目>や<開始日>などがあります。

Memo　タスクの重要度

タスクの重要度とは、<タスク>ウィンドウから設定できる<優先度>のことです。<優先度>の設定については、P.159手順 4 ～ 5 を参照してください。

Section 66　第7章 タスクの管理

タスクを完了させる

終了したタスクは**チェックマーク**を付けて完了にします。**ToDoバーのタスクリスト**では表示されなくなりますが、タスクの一覧表示画面では取り消し線が引かれるので、**履歴**として確認できます。

1 タスクを完了状態にする

1 完了させるタスクをクリックし、

2 <ホーム>タブをクリックして、

3 <進捗状況を完了にする>をクリックすると、

4 完了したタスクが一覧から消えます。

Memo
そのほかのタスク完了方法

<To Do バーのタスクリスト>表示では、タスクの横にあるフラグアイコン（▶ など）をクリックすることで、タスクを完了させることができます。

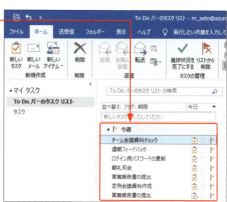

2 完了したタスクを確認する

前ページの手順の続きです。

1. <表示>タブをクリックして、
2. <ビューの変更>をクリックし、
3. <タスクリスト>をクリックすると、

4. タスクが一覧表示されます。

完了したタスクに取り消し線が引かれています。

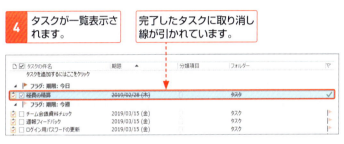

3 タスクの完了を取り消す

上記手順の続きです。

1. 完了しているタスクのチェックをオフにすると、
2. タスクの完了が取り消され、取り消し線も削除されます。

Memo

タスクの完了と削除の違い

完了したタスクは削除することもできますが、そうすると、どのようなタスクをいつこなしたのか、あとから確認することができません。タスクの履歴を残す意味でも、完了操作を行うことをおすすめします。なお、タスクの削除方法は、Sec.68を参照してください。

第7章 タスクの管理

Section 67 第7章 タスクの管理

タスクの期限日に アラームを鳴らす

重要なタスクを登録する場合は、**アラーム**を設定しておきましょう。Outlook 2019には、指定した時間になると、**アラーム音**や**ダイアログボックス**で知らせてくれる機能が備わっています。

1 アラームを設定する

タスク期限日の午前9時にアラームを設定します。

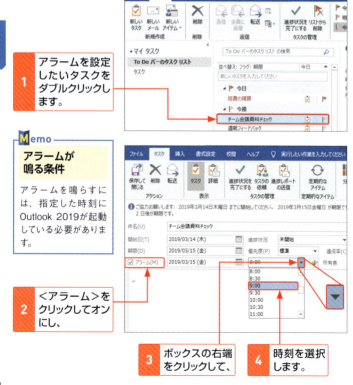

1. アラームを設定したいタスクをダブルクリックします。

Memo

アラームが鳴る条件

アラームを鳴らすには、指定した時刻にOutlook 2019が起動している必要があります。

2. <アラーム>をクリックしてオンにし、
3. ボックスの右端をクリックして、
4. 時刻を選択します。

166

5 <保存して閉じる>をクリックすると、

6 アラームが設定され、タスク名の横にベルのアイコンが表示されます。

2 アラームを確認する

1 設定した時刻になると、<アラーム>ダイアログボックスが表示され、アラーム音が鳴ります。

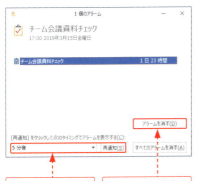

再通知するには、時間を設定して<再通知>をクリックします。

アラームを消去するには、<アラームを消す>をクリックします。

Hint

アラームの初期設定

<Outlookのオプション>ダイアログボックスの<タスク>の項目では、タスクの新規登録時に<期限>を設定すると、アラームが自動設定されるようにすることができます。また、アラーム時間の既定値も設定できます。

タスクオプションで<期限付きのタスクにアラームを設定する>をオンにします。

<アラームの規定時間>をリストから設定します。

第7章 タスクの管理

167

Section 68 タスクを変更／削除する

第7章 タスクの管理

タスクの期限日が変更になったり、タスク自体がキャンセルになったりするケースは少なくありません。そのような場合は、＜タスク＞ウィンドウから内容を変更／削除しましょう。

1 タスクを変更する

タスクの期限を3月15日から3月18日に変更します。

1. 変更したいタスクをダブルクリックします。

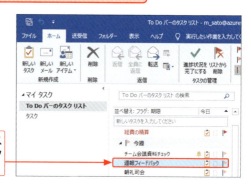

2. ＜期限＞を3月18日に変更し、
3. ＜保存して閉じる＞をクリックします。

Memo 開始日の変更

ここではタスクの期限日を変更していますが、同様にしてタスクの開始日を変更することもできます。

Memo

期限が過ぎたタスクの変更

期限が過ぎて赤字で表示されているタスクを期限日内に変更した場合は、黒字に変更されて表示されます。

4 表示位置も変更されています。

2 タスクを削除する

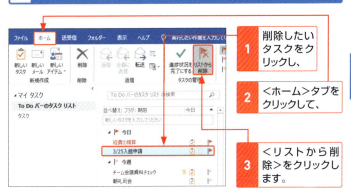

1 削除したいタスクをクリックし、

2 <ホーム>タブをクリックして、

3 <リストから削除>をクリックします。

4 タスクが削除されました。

Memo

削除したタスク

削除したタスクは、<メール>の画面の<削除済みアイテム>に移動します。メールや予定表と同様、元に戻したり、完全に削除したりすることができます。

Section 69 第7章 タスクの管理

タスクと予定表を連携する

スケジュールを管理するという点で、<タスク>と<予定表>の機能は似ています。Outlook 2019では、登録したタスクを<予定表>に登録したり、予定を<タスク>に登録したりできます。

1 タスクを<予定表>に登録する

<タスク>の画面を表示します。

1. タスクをクリックし、
2. <予定表>のアイコンにドラッグします。
3. <予定>ウィンドウが表示されるので<場所>を入力し、
4. <開始時刻>と<終了時刻>を入力します。
5. <保存して閉じる>をクリックします。

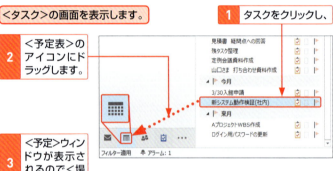

第8章

即効解決！
困ったときのQ&A

70	メールアカウントが設定できない?!
71	メールが見つからない?!
72	メールの画像が表示されない?!
73	メールが文字化けして読めない?!
74	アドレス入力時、候補が一杯出てきて困る?!
75	メールが送れない?!
76	保存した添付ファイルが見つからない?!
77	前バージョンのメールや連絡先を引き継げない?!
78	Outlookの起動が遅い?!

Section 70

第8章 即効解決!困ったときのQ&A

メールアカウントが設定できない?!

一部のメールアカウントでは、Sec.04の手順でメールアカウントが追加できないことがあります。そうした場合は、**コントロールパネル**からアカウントを設定しましょう。

1 コントロールパネルから設定する

1. ⊞をクリックし、
2. 「コントロールパネル」と入力します。
3. <コントロールパネル>をクリックし、
4. <ユーザーアカウント>→<Mail(Microsoft Outlook 2016)(32ビット)>をクリックします。
5. <電子メールアカウント>をクリックし、

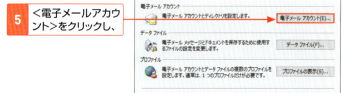

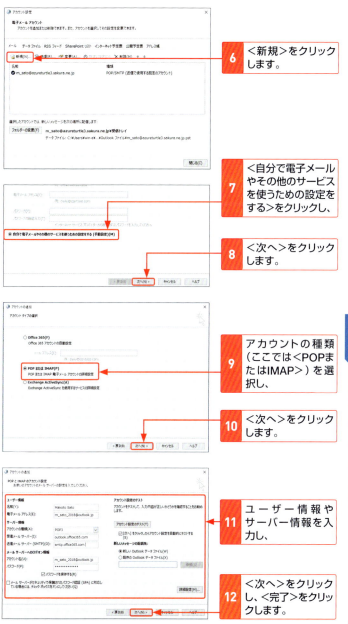

Section 71

第8章 即効解決！困ったときのQ&A

メールが見つからない?!

目的のメールが見つからないときは、迷惑メールフォルダーを確認しましょう。また、スレッドビューが有効になっている場合もあるので、スレッドビューを解除してみましょう。

1 迷惑メールフォルダーを確認する

Memo

迷惑メールの処理

迷惑メールの処理レベルが高いと、迷惑メールではないメールが＜迷惑メール＞フォルダーに振り分けられることがあります（詳細はSec.28参照）。

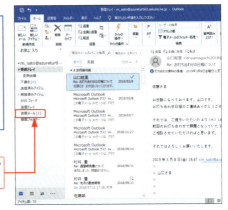

1 ＜迷惑メール＞をクリックします。

2 目的のメールが見つかったらここをクリックし、

3 ＜受信トレイへ移動＞をクリックすると、メールが受信トレイに移動します。

2 スレッドビューを解除する

1. スレッド表示されているメールの先頭の三角形（▷）をクリックすると、

Keyword

スレッド

スレッドとは、送受信したメールの中から同じ話題でやりとりしている会話を見つけ出し、順番にしたがって階層化して表示する機能です。

2. スレッドとしてまとめられていたメールが展開されます。

3. ＜スレッドとして表示＞をクリックしてオフにし、

4. ＜すべてのメールボックス＞をクリックすると、スレッドビューが解除されます。

Section 72　第8章 即効解決！困ったときのQ&A

メールの画像が表示されない?!

Outlook 2019は、迷惑メール対策としてHTML形式のメールの画像表示をブロックするようになっています。画像を一時的に表示するか、画像を常に表示する相手を設定しましょう。

1 表示されていない画像を表示する

初期設定では、画像が表示されないようになっています。

1 画像が表示されていないメールの、＜画像をダウンロードするには、ここをクリックします。～＞をクリックします。

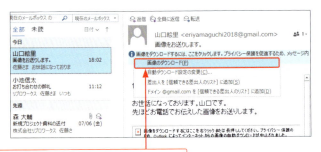

2 ＜画像のダウンロード＞をクリックすると、

3 画像が表示されます。

2 特定の相手からのメールの画像を常に表示する

1 画像が表示されていないメールの、<画像をダウンロードするには、ここをクリックします……>をクリックします。

2 <差出人を[信頼できる差出人のリスト]に追加>をクリックして、

3 <OK>をクリックします。

第8章 即効解決！困ったときのQ&A

177

Section 73　第8章　即効解決！困ったときのQ&A

メールが文字化けして読めない?!

相手から届いたメールが、日本語ではない文字として表示されて読めないことがあります。これを「**文字化け**」と言います。Outlookでは、**エンコードの設定**を変更することで、文字を正しく表示させることができます。

1 受信メールの文字化けを直す

文字化けしてしまった受信メールを正しく表示されるように操作します。

1 文字化けしているメッセージをダブルクリックして開きます。

2 ＜アクション＞をクリックし、

3 ＜その他のアクション＞をクリックします。

4 ＜エンコード＞をクリックし、

5 ＜その他＞をクリックして、

6 ＜日本語（自動選択）＞をクリックします。

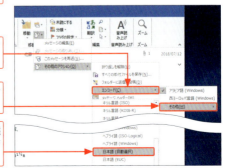

178

Section 74 アドレス入力時、候補が一杯出てきて困る?!

第8章 即効解決！困ったときのQ&A

Outlook 2019では、宛先などにアドレスを入力すると、過去に送ったことのあるメールアドレスが宛先候補として表示されます。不要な場合は表示されないよう設定を変更できます。

1 オートコンプリートをオフにする

アドレスの一部を入力すると、自動で宛先候補が表示されます。

1 ＜ファイル＞タブの＜オプション＞をクリックして、＜Outlookのオプション＞ダイアログボックスを表示します。

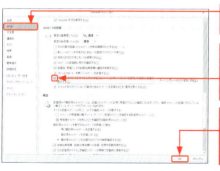

2 ＜メール＞をクリックし、

3 ＜［宛先］、［CC］、［BCC］に入力するときに……＞をクリックしてオフにし、

4 ＜OK＞をクリックすると、オートコンプリートがオフになります。

Hint
宛先候補を個別に削除する

メールアドレスの入力時に表示される宛先候補の×をクリックすると、個別に宛先候補を削除でき、次回から該当のメールアドレスは表示されなくなります。

Section 75　第8章 即効解決！困ったときのQ&A

メールが送れない?!

メールを作成し、<送信>をクリックしてもメールが送信できない場合は、<オフライン作業>が有効になっていないか確認しましょう。

1 オフライン作業を解除する

| 1 | <送受信>タブをクリックし、 |
| 2 | <オフライン作業>をクリックしてオフにします。 |

オフライン作業が有効な場合、メールが<送信トレイ>に表示されたままになります。

| 3 | 送信したいメールをダブルクリックし、 |
| 4 | <送信>をクリックすると、メールが送信されます。 |

Memo
オフライン作業中の表示

オフライン作業中は、画面の右下に<オフライン作業中>と表示されます。

Section 76　第8章 即効解決！困ったときのQ&A

保存した添付ファイルが見つからない?!

メールの添付ファイルが見つからない場合は、まずは**＜ドキュメント＞フォルダー**を確認しましょう。添付ファイルは、保存先を変えていなければ＜ドキュメント＞フォルダーに保存されます。

1 添付ファイルの保存先を確認する

1 添付ファイルをクリックし、

2 ＜名前を付けて保存＞をクリックします。

＜ドキュメント＞が保存場所になっています。

3 ＜保存＞をクリックすると、添付ファイルが保存されます。

Hint

添付ファイル付きのメールを探す

Outlook 2019では、メールの検索ボックスをクリックし、＜添付ファイルあり＞をクリックすると、添付ファイルが付いたメールだけを表示することができます。

Section 77　第8章 即効解決！困ったときのQ&A

前バージョンのメールや連絡先を引き継げない?!

前バージョンのメールや連絡先、予定表のデータを出力（エクスポート）し、Outlook 2019で取り込めば、かんたんにデータが移行できます。

1 データをバックアップする

リムーバブルドライブにOutlookデータをバックアップします。

1 ＜ファイル＞タブをクリックしてBackstageビューを表示します。

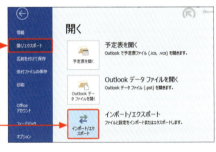

2 ＜開く／エクスポート＞をクリックし、

3 ＜インポート／エクスポート＞をクリックします。

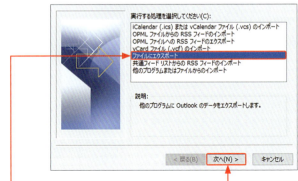

4 ＜ファイルにエクスポート＞をクリックし、

5 ＜次へ＞をクリックします。

182

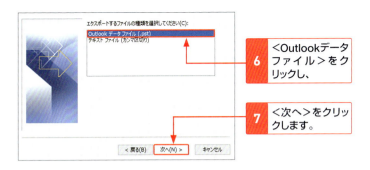

6 <Outlookデータファイル>をクリックし、

7 <次へ>をクリックします。

8 アカウントを選択し、

9 <サブフォルダーを含む>をクリックしてオンにして、

10 <次へ>をクリックします。

Memo

データファイルの拡張子

Outlookのデータファイルの拡張子は.pstです。

11 <参照>をクリックします。

Memo

バックアップファイルの保存先

ここでは、リムーバブルドライブにデータを保存しています。デスクトップなどに保存してからコピーしてもかまいません。

第8章 即効解決！困ったときのQ&A

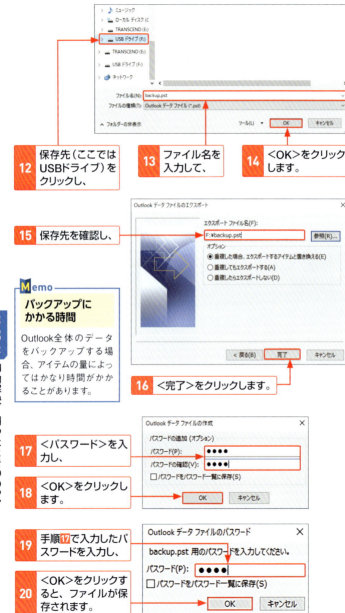

2 バックアップデータを復元する

保存したバックアップデータをOutlook 2019に上書きして戻します。

1 <ファイル>タブをクリックしてBackstageビューを表示します。

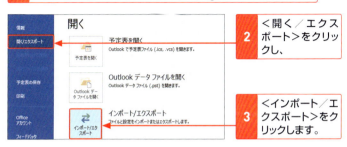

2 <開く／エクスポート>をクリックし、

3 <インポート／エクスポート>をクリックします。

4 <他のプログラムまたはファイルからのインポート>をクリックし、

5 <次へ>をクリックします。

Memo

インポートするファイルの種類

ここではOutlook全体のバックアップデータから復元するので、手順 6 で<Outlookデータファイル>をクリックしています。連絡先をCSV形式で書き出した場合は、<テキストファイル（カンマ区切り）>をクリックしましょう。

6 <Outlook データファイル>をクリックし、

7 <次へ>をクリックします。

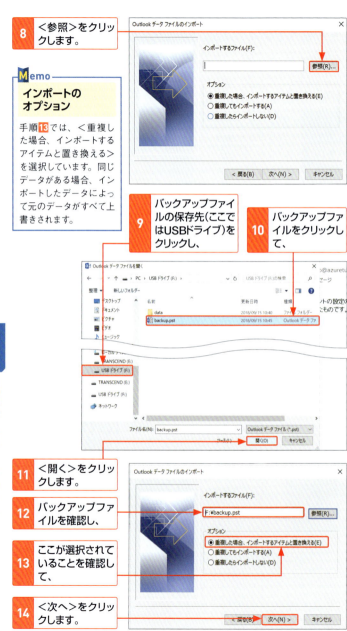

15 保存時に設定したパスワードを入力し、

16 <OK>をクリックします。

17 <Outlook データファイル>をクリックし、

18 ここがオンになっていることを確認して、

19 インポート先のメールアカウントを選択し、

20 <完了>をクリックすると、

21 インポートが完了します。

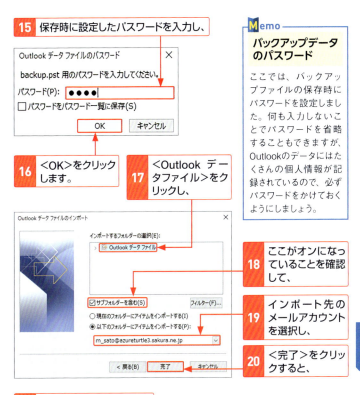

Memo

バックアップデータのパスワード

ここでは、バックアップファイルの保存時にパスワードを設定しました。何も入力しないことでパスワードを省略することもできますが、Outlookのデータにはたくさんの個人情報が記録されているので、必ずパスワードをかけておくようにしましょう。

第8章 即効解決！困ったときのQ&A

187

Section 78　第8章 即効解決！困ったときのQ&A

Outlookの起動が遅い?!

Outlookの起動に時間がかかるときは、不要な**アドイン**を無効にしたり、**プロファイルを修復**したりすると動作が改善する場合があります。

1 アドインを無効にする

1 ＜ファイル＞タブの＜オプション＞をクリックし、＜Outlookのオプション＞ダイアログボックスを表示します。

2 ＜アドイン＞をクリックし、

3 ＜設定＞をクリックします。

4 不要なアドインのチェックボックスをクリックしてオフにし、

Keyword
アドイン

アドインとは、Outlook内で実行される、メールの機能を拡張するプログラムです。アドインを無効にすると、Outlookの動作が改善する場合があります。

5 ＜OK＞をクリックし、Outlook 2019を再起動します。

2 Outlookプロファイルを修復する

1 <ファイル>タブをクリックし、<アカウント設定>をクリックします。

2 <アカウント設定>をクリックします。

3 <修復>をクリックし、

Memo ――― <削除済みアイテム>の削除

<削除済みアイテム>フォルダーにメールが大量に保存されていると、動作に影響を及ぼすことがあります。<削除済みアイテム>のフォルダーは定期的に空にしておくとよいでしょう。

4 <修復>をクリックします。

第8章 即効解決！困ったときのQ&A

INDEX 索引

アルファベット

.pst	183
BCC	39, 47
CC	39, 47
CSV	185
Gmail	22
HTML 形式	106
IMAP	23
Outlook	18
―の画面構成	30
―プロファイル	189
Outlook.com	22
POP	23
To Do	→タスク
To Do バーのタスクリスト	154
Yahoo! メール	22

あ行

アイテム	30
アクティブ	138
宛先	39
宛先候補	179
アドイン	188
アラーム（タスク）	166
アラーム（予定表）	140
一覧形式（連絡先）	19
印刷（メール）	60
印刷（予定表）	150
インデックス	112
インポート	185
エクスポート	182
閲覧ウィンドウ（メール）	38
―文字を大きくする	43
閲覧ウィンドウ（連絡先）	112
オートコンプリート	179
お気に入り	76
同じ勤務先の登録	117
オフライン作業	180

か行

開封済み	72
顔写真	113
画像を自動的に縮小	49

画像を表示	176
稼働時間	152
稼働日	152
カレンダーナビゲーター	132
既読メール	73
勤務先	113, 115
クイック検索	64
クイック操作	92
検索	64
―フォルダー	86
件名	39
今後 7 日間	139
コントロールパネル	172

さ行

削除	62, 128, 143, 169
削除済みアイテム（メール）	62
―を元に戻す	62
仕事	→タスク
下書き	50
終日の予定	148
重要度	96
祝日	144
受信拒否リスト	85
受信トレイ	42
署名	58
仕分けルール	80
進捗状況	155, 159
信頼できる差出人のリスト	177
ステータスバー	30
スレッドビュー	175
送信	41
―済みアイテム	41
―トレイ	42, 94

た行

タイトルバー	25, 30
タイムバー	132
タスク	154
―と予定表の違い	156
―の完了	164
―の完了を取り消し	165
―の削除	169

190

―の登録······················· 156
―の並べ替え··················· 163
―の変更······················· 168
―を予定表に登録··············· 170
＜タスク＞ウィンドウ·················· 155
タスクバー······························ 25
達成率··························· 155, 159
定期的なタスク························ 160
定期的な予定·························· 146
定型文································· 92
テキスト形式·························· 106
天気予報····························· 132
添付ファイル······················ 44, 181

な行

ナビゲーションバー····················· 30
―の表示順序を変更··············· 32
―をテキスト表示にする··············· 33
並べ替え······················ 66, 139, 163

は行

バックアップ·························· 182
ビュー（タスク）···················· 154, 162
ビュー（メール）······················ 38, 56
ビュー（予定表）······················ 138
ビュー（連絡先）··················· 112, 120
ファイル···························· 44, 48
フォルダー（メール）···················· 74
フォルダー（連絡先）··················· 129
フォルダーウィンドウ···················· 30
フォルダーのクリーンアップ·············· 109
フォント····························· 54
復元································· 185
複数の宛先·························· 126
フラグ······························ 104
フリガナ····························· 114
プロバイダーメール···················· 22
分類項目····························· 78
本文································· 39

ま行

未読メール···························· 72
名刺形式···························· 120

迷惑メール························ 84, 174
メール································ 38
―の色分け······················ 70
―の誤送信を防ぐ··················· 94
―の削除······················· 62
―の作成······················· 40
―の差出人を連絡先に登録········· 118
―の下書き保存··················· 50
―の自動送受信··················· 98
―の受信······················· 42
―の送信······················· 41
―の転送······················· 53
―の並べ替え····················· 66
―の振り分け····················· 80
―の返信······················· 52
―の文字サイズ変更··············· 55
メールアカウント······················ 22
―の設定······················ 26, 172
＜メッセージ＞ウィンドウ················ 39
メモ································· 33
文字化け···························· 178

や行

予定································ 132
―の削除······················· 143
―の詳細······················· 137
―の登録······················· 134
―の変更······················· 142
＜予定＞ウィンドウ··················· 133
予定表······························ 132
―の印刷スタイル·················· 150
―の表示形式····················· 136

ら行

リッチテキスト形式···················· 106
リボン······························ 34
連絡先······························ 112
―グループ······················· 126
―の相手にメールを送信············· 124
―の削除······················· 128
―の情報をメールで送信············· 130
＜連絡先＞ウィンドウ·················· 113

191

■ お問い合わせの例

FAX

1 お名前
技評 太郎

2 返信先の住所またはFAX番号
03-××××-××××

3 書名
今すぐ使えるかんたんmini
Outlook 2019 基本&便利技

4 本書の該当ページ
85ページ

5 ご使用のOSとソフトウェアのバージョン
Windows 10 Pro
Outlook 2019

6 ご質問内容
手順4の画面が
表示されない

今すぐ使えるかんたんmini
Outlook 2019
基本 & 便利技

2019年10月2日 初版 第1刷発行

著者●リブロワークス
発行者●片岡 巌
発行所●株式会社 技術評論社
　　　　東京都新宿区市谷左内町21-13
　　　　電話 03-3513-6150 販売促進部
　　　　　　　03-3513-6160 書籍編集部
装丁●田邉恵理香
本文デザイン●リンクアップ
編集／DTP●リブロワークス
担当●伊東健太郎
製本／印刷●図書印刷株式会社

定価はカバーに表示してあります。

落丁・乱丁がございましたら、弊社販売促進部までお送りください。交換いたします。
本書の一部または全部を著作権法の定める範囲を超え、無断で複写、複製、転載、テープ化、ファイルに落とすことを禁じます。

©2019 技術評論社

ISBN978-4-297-10770-3 C3055
Printed in Japan

お問い合わせについて

本書に関するご質問については、本書に記載されている内容に関するもののみとさせていただきます。本書の内容と関係のないご質問につきましては、一切お答えできませんので、あらかじめご了承ください。また、電話でのご質問は受け付けておりませんので、必ずFAXか書面にて下記までお送りください。
なお、ご質問の際には、必ず以下の項目を明記していただきますようお願いいたします。

1 お名前
2 返信先の住所またはFAX番号
3 書名
　（今すぐ使えるかんたんmini
　Outlook 2019 基本&便利技）
4 本書の該当ページ
5 ご使用のOSとソフトウェアのバージョン
6 ご質問内容

なお、お送りいただいたご質問には、できる限り迅速にお答えできるよう努力いたしておりますが、場合によってはお答えするまでに時間がかかることがあります。また、回答の期日をご指定なさっても、ご希望にお応えできるとは限りません。あらかじめご了承くださいますよう、お願いいたします。
ご質問の際に記載いただきました個人情報は、回答後速やかに破棄させていただきます。

問い合わせ先

〒162-0846
東京都新宿区市谷左内町21-13
株式会社技術評論社 書籍編集部
「今すぐ使えるかんたんmini
Outlook 2019 基本&便利技」質問係

FAX番号 03-3513-6167

URL：https://book.gihyo.jp/116